鸟巢蕨

切叶栽培技术

Niaochaojue Qieye Zaipei Jishu

杨光穗　张东雪　**主编**

中国林業出版社
CFPH China Forestry Publishing House

图书在版编目(CIP)数据

鸟巢蕨切叶栽培技术 / 杨光穗, 张东雪主编. -- 北京 : 中国林业出版社, 2022.3

ISBN 978-7-5219-1599-0

Ⅰ. ①鸟… Ⅱ. ①杨… ②张… Ⅲ. ①蕨类植物—观赏园艺 Ⅳ. ①S682.35

中国版本图书馆CIP数据核字(2022)第039182号

责任编辑：贾麦娥

出版 中国林业出版社（100009 北京西城区德内大街刘海胡同 7 号）
电话：（010)83143562

制版 北京八度出版服务机构

印刷 河北京平诚乾印刷有限公司

版次 2022 年 5 月第 1 版

印次 2022 年 5 月第 1 次

开本 710mm × 1000mm 1/16

印张 9.25

字数 151 千字

定价 98.00 元

EDITORIAL BOARD

编委会

主　编： 杨光穗　张东雪

副主编： 谌　振　黄素荣　尹俊梅　徐诗涛　李海燕

编著者： 杨光穗　张东雪　谌　振　黄素荣　尹俊梅
徐诗涛　李海燕　王　存　陈金花　冷青云
李克烈　黄少华

摄　影： 谌　振　杨光穗　张东雪　徐诗涛

前言

PREFACE

蕨类植物是植物界里的大家族，既是维管植物又是孢子植物，在植物演化历程中占据了关键性的位置。蕨类植物是地球生态系统中的重要一环，与我们的生活息息相关。食用的蕨、水蕨、问荆、荚果蕨等；药用的半边旗、金毛狗、卷柏、石韦等；观赏的桫椤、紫萁、翠云草、铁线蕨、肾蕨等；工业用的乌蕨、石松、凤尾蕨等；甚至我们生活中必不可少的煤炭，也是由泥炭纪沉积蕨类植物遗骸历经岁月发育而来。

鸟巢蕨是蕨类植物中的明星物种，是热带雨林景观的标志性植物、生态保护的指示性植物，集切叶销售、盆花观赏、食用等多种功能于一体。长期以来，鸟巢蕨作为热带切叶产业的主要品种，为海南花卉产业提质增效、为区域农村经济发展等做出了卓越的贡献。随着各类研究的深入，鸟巢蕨的功能应用范围也有所拓展，整体种植规模不断扩大，产业发展迫切需要更为精细、科学的栽培技术指导。故编者在“两种热带切叶花卉设施生产技术示范推广”项目的支持下，以鸟巢蕨切叶生产中的栽培技术要点为主要内容，并对蕨类基本知识、鸟巢蕨文化应用及品种分类等做了简单介绍，以期帮助生产者、从业者更好地了解鸟巢蕨，促进鸟巢蕨产业蓬勃发展。

编者水平有限，撰写过程中或有谬误，请读者谅解、指正。

编者

2021年12月

目录
CONTENTS

一、蕨类植物简介

（一）蕨类植物分类

蕨类植物在植物界中是一个重要组成部分，是高等植物中孢子体和配子体都可以独立生活的植物类群，在《中国植物志》等较早的权威资料中被列为蕨类植物门（Pteridophyta），分为5大类：石松类、松叶蕨类、水韭类、木贼类和真蕨类。蕨类植物既是高等孢子植物，又是原始维管植物，在植物进化系统中蕨类植物介于苔藓植物和种子植物之间。

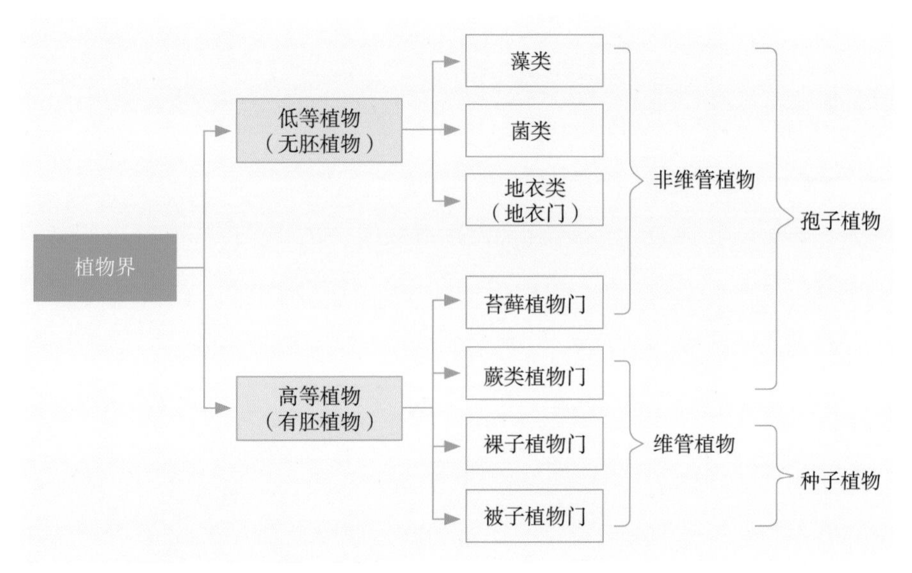

图1-1　蕨类植物与其他植物的关系

表1-1　高等植物分类简介

分类	典型特征	物种数量
苔藓植物	非开花植物、非维管植物，孢子繁殖。 植物体由分化程度较低的小叶组成，具有多细胞的根状结构，即“假根”	全世界约有23000种，中国约有2100种
蕨类植物	非开花植物、维管植物，孢子繁殖。具有真正的根、茎、叶	全世界约有12000种，中国2600种
裸子植物	开花植物、维管植物，种子繁殖。有胚珠，且胚珠裸生，大孢子叶（即珠鳞、套被、珠托或珠座）从不形成密闭的子房，无柱头，珠被发育成种皮，整个胚珠发育成种子，胚乳丰富	全世界现存裸子植物约800种；中国是裸子植物种类最多、资源最丰富的国家，约300种（包括变种）
被子植物	开花植物、维管植物，种子繁殖。是植物界最大的类群，分为单子叶植物纲和双子叶植物纲	现知全世界被子植物共有20多万种，占植物界总数的一半以上。中国已知的被子植物有2700多属、3万余种

随着蕨类分子系统学的不断进步，2011年由克里斯滕许斯、张宪春和哈拉尔德·施耐德在*Phytotaxa*期刊上发表的克里斯滕许斯蕨类系统表明，现生蕨类不是单系群，而是处于同一演化级的并系群，因此不能处理成一个分类群，石松类（Lycophytes）作为维管植物最早的分支，和现有其他维管植物（蕨类、种子植物）构成姐妹群。新的石松类包括原石松类和原

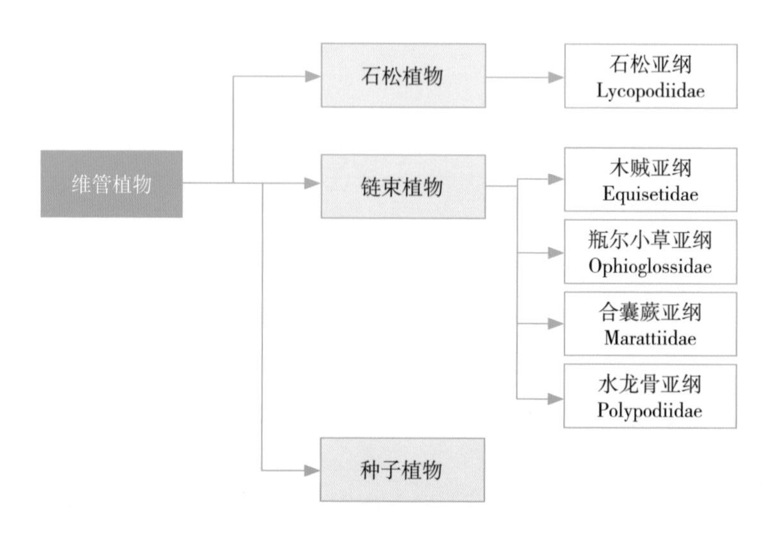

图1-2　克里斯滕许斯蕨类系统将石松类置于维管植物的基部

水韭类，即石松、水韭、卷柏3个类群共1300多种，其中仅卷柏属种类即有700多种。真蕨类、松叶蕨类、木贼类则合并为新的真蕨类，即新定义的或狭义上的蕨类植物（ferns），有1万余种。在此背景下，偶有学者以羊齿植物的中文名指代石松类与蕨类的集合，学名依然为Pteridophyta，英文中常用 ferns and lycophytes 和 ferns and allies 的方式进行区分、强调，其中狭义的蕨类植物亦称为链束植物（monilophytes）。

克里斯滕许斯蕨类系统率先确认了石松类更为基础的分类学地

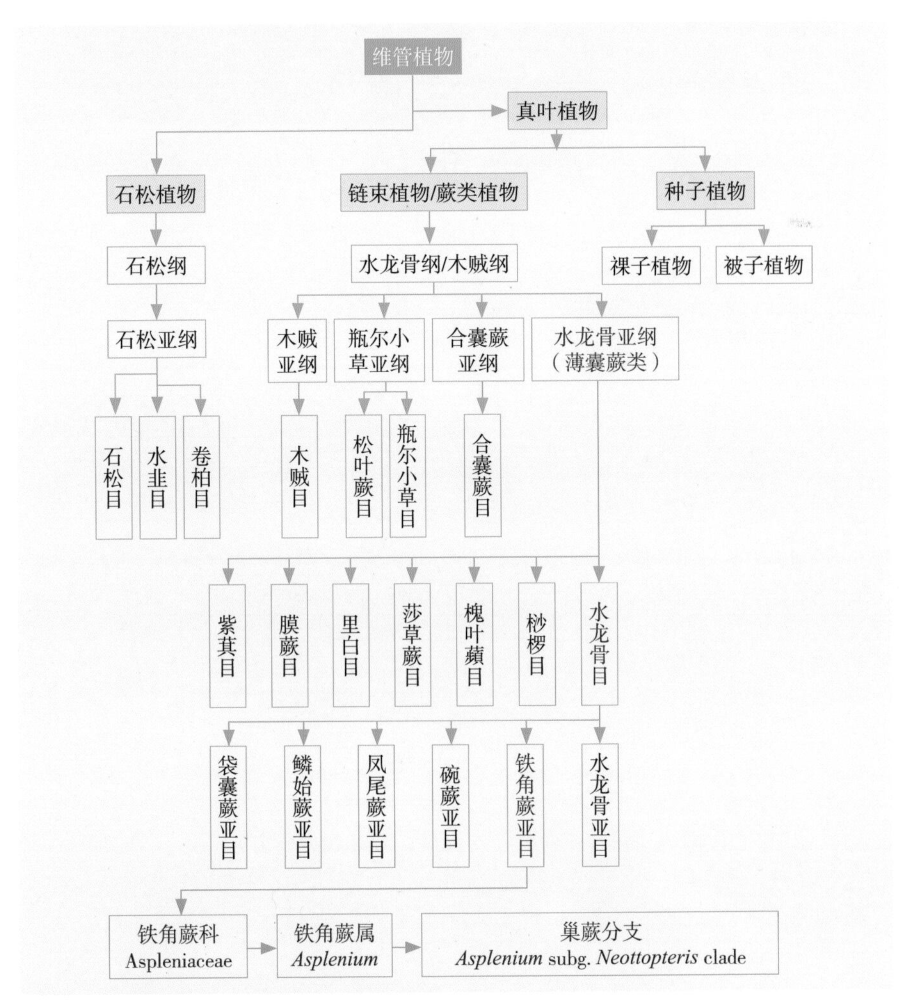

图1-3　基于PPG Ⅰ蕨类系统绘制的分类图[1]

[1] 多识植物百科编者. PPG I系统[G/OL]. 多识植物百科http://duocet.ibiodiversity.net

位，但整个系统尚未获得广泛认可。2016年，蕨类植物系统发育研究组（Pteridophyte Phylogeny Group）发布了最新的PPG Ⅰ蕨类系统中，其中亚纲和目的处理与克里斯滕许斯蕨类系统相同，即石松植物包含1个亚纲，而蕨类植物（链束植物）分为4个亚纲。不同的是，石松类与整个蕨类分别作为纲处理，即 Lycopodiopsida 与 Polypodiopsida。PPG Ⅰ是现在蕨类学界较为认可的分类方式。

图1-4 水龙骨目铁角蕨科（鸟巢蕨）
图摄于：密克罗尼西亚联邦

图1–5　石松目（垂枝石松）
图摄于：密克罗尼西亚联邦

早在3.8亿年前，其祖先裸蕨类就已经出现在地球上，到石炭纪发展到了顶峰，几乎覆盖着地球的整个陆地，我们今天所用的煤，主要就是由古代蕨类植物的遗体大量堆积，然后又被掩埋在湖泊沼泽之中，经过变质而炭化形成的。

图1-6　新疆吐鲁番鄯善县沙尔湖蕨类植物化石
图片来源：中国新闻网www.chinanews.com

图1-7　新疆吐鲁番鄯善县沙尔湖蕨类植物化石
图片来源：中国新闻网www.chinanews.com

图1-8　蕨类植物化石
图片来源：科普中国www.xinhuanet.com/science

而后随着地质构造的变迁和气候的变化，喜湿热的蕨类植物走向了衰退，许多高大的树状蕨类完全灭绝了，以及随着裸子植物的出现，大部分地球的陆地才逐渐被新发展起来的种子植物所占据。蕨类植物体内输导水分和养料的维管组织，远不及种子植物的维管组织发达，蕨类植物的有性生殖过程离不开水，也不具备种子植物那样极其丰富多样的传粉受精、用以繁殖后代的机制，因此，蕨类植物在生存竞争中，臣服于种子植物，地球历史上的“蕨类植物时代”也随之结束。而绝大多数的现代蕨类植物，只能生长在主要由种子植物所构成的森林环境中。通常生长在森林下层的阴暗而潮湿的环境里，少数耐旱的种类能生长于干旱荒坡、路旁及房前屋后。

其实，除了大海里、深水底层、寸草不生的沙漠和长期冰封的陆地外，蕨类植物几乎无处不在。从海滨到高山，从湿地、湖泊，到平原、山丘，到处都有蕨类的踪迹。它们有的在地表匍匐或直立生长，有的长在石头缝隙或石壁上，有的附生在树干上或缠绕攀附在树干上，也有少数种类生长在海边、池塘、水田或湿地草丛中。蕨类植物绝大多数是草本植物，极少数种类，比如桫椤，能长到几米至十几米高。

图1-9　生长在潮湿岩石上的蕨类植物
图摄于：海南黎母山

图1-10　生长在林地岩石上的蕨类植物（鸟巢蕨）
图摄于：海南黎母山

图1-11　生长在石壁上的崖姜蕨和鸟巢蕨等
图摄于：海南黎母山

图1-12　油棕叶鞘中生长的蕨类（肾蕨）
图摄于：海南黎母山

图1-13　附生树上的蕨类（鸟巢蕨）
图摄于：海南黎母山

图1-14　生长在湖泊边上的蕨类植物

图摄于：贵州，紫江地缝

图1-15　生长在林地上的蕨类（鸟巢蕨）
图摄于：密克罗尼西亚联邦

现在地球上生存的蕨类约有12000种，约占植物总数的1/5，分布世界各地，但其中的绝大部分分布在热带、亚热带地区。我国约有2600种，多分布在西南地区和长江流域以南。我国西南地区是亚洲、也是世界蕨类植物的分布中心之一，云南的蕨类植物种类约1400种，是我国蕨类植物最丰富的省份；海南有420多种；我国宝岛台湾，面积不大，但蕨类植物有630余种，是世界蕨类物种密度最高的地区之一[1]。

当今生活着的蕨类植物在地球陆地上分布的面积和范围虽然缩小了，但伴随着生态环境的复杂化、多样化，蕨类植物的物种也不断变化发展，种类更加丰富，更能适应复杂多样的生态环境。

蕨类植物中有多种可供食用、药用、观赏或工业用。现代蕨类植物多为多年生的中小型草本，叶子分裂图式多样，颜色碧绿，令人喜爱，加上耐阴和便于栽培管理，一些种类早已被人们作为观赏植物来栽培。观赏蕨类植物，如鸟巢蕨、肾蕨、扇叶铁线蕨、鹿角蕨、凤尾蕨等，株形和叶形奇特，叶色丰富，在园林绿化、盆栽、山石盆景配置、盆景造型、室内装饰、切花等方面具有较高的观赏价值。

图1-16　具有食用价值的蕨类——乌毛蕨

[1] 数据来源于农技服务期刊，蕨类植物的生境与分布,2009,26(04):133.

图1-17　具有药用价值的蕨类——金毛狗（国家二级保护植物）

图1-18　具有观赏价值的蕨类——鸟巢蕨

图1-19　具有观赏价值的蕨类——桫椤（国家一级保护植物）

作为观赏植物，蕨类植物在西方素有“无花之美”的称誉。尤其是在日本、欧美，更被视为高贵素雅的象征，代表着当今世界观赏植物的一大潮流。其清雅新奇、碧绿青翠的叶色，以及耐阴多样的生态适应性，使之具有广阔的应用前景，尤其在室内园艺上，更显示出其优势。近年来，中国的公园、庭院用蕨类作为布景和装饰材料日趋普遍。

图1-20　兴隆热带植物园蕨类植物布景

图摄于：海南万宁

图1-21　兴隆热带植物园蕨类植物布景

图摄于：海南万宁

蕨类植物和人类的关系非常密切，在建设和美化城乡生活环境蓬勃发展的今天，蕨类植物的独特作用越来越为人们所重视，这群植物虽然没有艳丽的花朵，但其形形色色的叶子及其多种多样的孢子囊群和囊群盖也常常使人喜爱和赞赏，鸟巢蕨更是其中的佼佼者。

（二）海南蕨类植物资源及其开发利用

海南岛位于亚洲热带的北缘，是我国大陆南端一个岛屿，北纬18°10′～20°10′，东经108°37′～111°03′，总面积3.4万km^2，是我国第二大岛。属热带季风气候，四面临海，光、温、水资源丰富，地形、地貌复杂。海南岛区域性水热状况差异较大，东湿西干，北温南热，年均温22～26℃，最冷月均温16～20℃，≥10℃的年积温8200～9200℃，年日照时数1750～2700h，大部分地区年降雨量为1600mm。适宜的环境为岛内蕨类植物提供生长、发育的优越条件，蕨类植物资源十分丰富。

1.海南岛蕨类植物区系及资源分布状况

（1）科属种数据统计

据《海南植物志》记载海南岛蕨类植物区系43科114属354种及8变种。但据最近的研究统计，海南蕨类植物区系已达56科140属423种及15变种，科、属、种的数目分别占中国蕨类区系科的88.9%、属的60.1%、种的16.9%。在海南蕨类植物区系组成中，优势科较为明显，物种数超过20种的科有：水龙骨科、蹄盖蕨科、铁角蕨科、金星蕨科、凤尾蕨科、膜蕨科、鳞毛蕨科、叉蕨科，共计8个科、62属、241种；分别占海南蕨类区系科的14%、属的54%、种的54.9%。但区系组成中没有出现特有属，表明蕨类植物区系的发展与邻近地区较为密切，特别是广东、广西等大陆地区；但其存在较多的特有种，约有46个特有种，约占海南蕨类区系的10.5%。

（2）海南蕨类植物区系地理成分

海南蕨类植物区系地理成分较为丰富，根据《中国现代及化石蕨类植物科属辞典》，按照植物的现代地理分布，海南蕨类植物56个科、140个属、438个种的分布区类型分别为8个、9个、9个地理分布区类型（见表

1-2、表1-3）。结果表明，科属的地理分布充分反映了海南蕨类区系的热带性质。在56个科中，除16个世界分布和1个东亚分布的科外，其他39个科均为热带分布类型，占海南蕨类总科数约70%，若不计世界分布类型，则有97.5%的科为热带分布类型。在140个属中，有111个属为热带或亚热带分布，占海南蕨类总数约80%，不计世界分布类型的20个属，海南蕨类区系中有92.5%的属热带和亚热带分布。种的地理分布表明，海南蕨类区系的83.6%为热带分布的种类，其中包含了10.6%的海南特有种，6.9%的华南特有种；另外有16.2%为东亚分布的种类，北温带分布的种类比例极为微弱。

表1-2　海南蕨类植物科属的分布区类型统计

分布区类型	科数	占总科数/%	属数	占总属数/%
1. 世界分布	16	不计算	20	不计算
2. 泛热带分布	27	67.5	43	35.8
3. 旧世界热带分布	3	7.5	18	15.0
4. 热带亚洲至热带美洲间断分布	1	2.5	6	5.0
5. 热带亚洲至热带大洋洲分布	1	2.5	8	6.7
6. 热带亚洲至热带非洲分布	2	5	7	5.8
7. 热带亚热带亚洲分布	5	12.5	24	20.0
8. 北温带分布	–	–	1	0.8
9. 东亚分布	1	2.5	13	10.9
合计	56	100.0	140	100.0

海南蕨类植物区系富有古老与孑遗成分。现在海南仍存在有松叶蕨、石松、卷柏、木贼、瓶尔小草等古蕨类，以及真蕨类的观音座莲、紫萁、海金沙、里白、蚌壳蕨、桫椤、莎草蕨、膜蕨等，它们在晚古生代以来各个地质时代都存在化石，这些存在化石的类群，在海南的现代蕨类区系中，发展为20科45属165种，其中共有20个海南特有种，如观音座莲科有8个；蹄盖蕨科有6个；凤尾蕨科有3个；卷柏科、里白科和膜蕨科各有1个，这些特有种可能在晚白垩纪以后获得了复壮。

表1-3　海南蕨类植物种的分布区类型统计

分布区类型	种数	占种总数/%
Ⅰ 世界分布	6	不计算
Ⅱ 亚洲热带亚热带分布	195	45.1
Ⅲ 东亚分布	70	16.2
Ⅳ 热带亚洲至热带大洋洲分布	43	10.0
Ⅴ 旧世界热带分布	23	5.3
Ⅵ 泛热带分布	18	4.2
Ⅶ 热带亚洲至热带非洲分布	1	0.2
Ⅷ 地区特有	（76）	（17.6）
Ⅷ-1 海南特有	46	10.6
Ⅷ-2 华南特有	30	6.9
合计	438	100

海南蕨类区系中也存在较丰富的未见化石的现代蕨类，它们的属种数目较大，特有种较多，如水龙骨科有15属46种，有4个特有种；金星蕨科在海南有8属31种，其中有6个特有种；铁角蕨科有3属35种，有4个特有种；鳞毛蕨科有6属23种，有1个海南特有种；叉蕨科有8属21种，有1个海南特有种。共计有36科95属275种，其中有26个海南特有种。

海南岛以不足全国0.36%的面积，分布着占中国蕨类区系88.9%的科、60.1%的属和16.9%的种，同时富有古老、孑遗与众多的现代蕨类，也有较丰富的特有成分，无疑是中国及至世界的蕨类植物多样性中心与分化中心之一。

（3）海南蕨类植物区系的生态类型

海南特有的湿热气候导致海南蕨类植物区系的生态成分80%左右属于热带林荫湿生类型，其中陆生类型约为50%左右，如莲座蕨科、凤尾蕨科、三叉蕨科等；热带附生蕨类约23%以上，如巢蕨属、书带蕨属；藤本植物在海南蕨类区系中相对较少，仅为3%左右，且大多是缠绕于林缘树木或灌木丛上的种类，如海金沙属、假芒萁属等，少数为攀缘于疏林树木上的属，如光叶藤蕨属、藤蕨属等。阳生类型在海南蕨类区系中仅占1%～2%，如蕨属。水生蕨类在海南蕨类区系中仅占1%左右，如分布于红树林的咸水生的卤蕨属，淡水生的槐叶苹属、苹属、满江红属。除卷柏等极个别的种类外，在海南蕨类区系中很难找出真正的旱生蕨类。

按照“七五”考察对海南岛各类植物资源生态类型的划分，将海南蕨类植物在岛上的分布分为5个生态类型。

①东部、中部沟谷湿区

本区包括万宁、琼海、琼中、屯昌等市县海拔400m以下丘陵坡地和沟谷水边，年均温23～24.5℃，≥10℃的积温8700～8900℃；年均降雨量2000mm；年日照时数约2000h，相对湿度80%～85%；如莎草蕨属、海南巢蕨、狭翅铁角蕨、陵齿蕨、刺蕨属、实蕨属等。

②东南、西南、中部、西部山区温暖潮湿区

本区指五指山、吊罗山、霸王岭、黎母山、尖峰岭等大山区600～1850mm的热带常绿雨林和高山矮林。年均温14～20℃，年积温6500℃；年均降雨量2500～3500mm；年日照时数约1700h，相对湿度88%～90%。本区蕨类资源十分丰富，数量及种类繁多，珍稀（濒危）、特有蕨类大部分分布于此区；如海南凤丫蕨、碗蕨、栗蕨、膜叶星蕨、长柄线蕨、三叉凤尾蕨、尖叶原始观音座莲、阴生桫椤、金毛狗、海南蹄盖蕨等。许多巢蕨、书带蕨属、槲蕨属植物或挂于空中，或附在树杈上，或生于岩石阴湿空隙中，形成千姿百态的热带雨林的特殊景观。而桫椤科以其高大木本的树干常构成热带雨林的优势树层。

③西部、西南部、南部干旱区

本区指昌江、乐东、东方、三亚等市县的沿海平原、台地。年均温25℃以上，≥10℃的积温8800～9200℃；年均降雨量1000～1300mm；年日照时数可达2700h，相对湿度约70%；4～5月有焚风吹袭，气候干热。如海金沙、海南短肠蕨、蜈蚣草、竹叶蕨、碎米蕨等。

④北部、西北部的半湿热区

本区包括海口、琼山、澄迈、临高、儋州、白沙、定安等海拔250m以下的丘陵坡地、平原地区。年均温23℃以上，≥10℃的积温

8400～8800℃，年均降雨量1500～1800mm；年日照时数2000～2200h，相对湿度75%～80%，冬春有短暂的寒流降雨；如铺地蜈蚣、卷柏、碎米蕨、海南观音座莲、华南紫萁、海金沙属等。

⑤滨海沙地、台地和红树林分布区

本区生境干热，阳光强烈，受海风、海水影响，土壤盐分含量高；如分布于此区的咸水生卤蕨属。

2.海南岛蕨类植物资源开发利用现状

（1）海南岛蕨类植物开发利用类型

20世纪二三十年代，我国植物学家就开始对海南蕨类植物进行较为全面的采集与研究，并提供了许多宝贵经验和方法，如《海南植物志》对某些蕨类的药用性能、观赏性能、指示作用等均有记载。随着研究的深入，对蕨类植物的开发利用趋于多样化。据此，结合海南蕨类植物资源的特点和优势，将海南蕨类植物资源划分为以下几个类型。

①观赏蕨类植物

蕨类植物以千姿百态的叶形、叶姿和青翠碧绿的色彩，令人赏心悦目。蕨类用作观赏植物，世界各国均有多年的栽培历史，如英国1903年，仅记录在案的蕨类栽培品种，就有近700种。目前，在日本、欧美一些发达国家，观赏蕨类已成为观赏植物的重要组成部分，盆栽观赏蕨类的年销量已超过8000万盆；荷兰盆栽观赏蕨类植物在盆栽观叶植物中居第6位，在切叶植物中居第1位。我国唐代时就已将翠云草列入《群芳谱》用于宫廷观赏。海南岛的许多种类具有较高的观赏价值，如凤尾蕨属、铁线蕨属、卷柏属、鳞毛蕨属、金毛狗属、姬蕨属、观音座莲属、巢蕨属、粉叶蕨属、苹、满江红，用作切花配材的肾蕨、铺地蜈蚣等。

②药用蕨类植物

我国劳动人民在很早以前就有利用蕨类植物治病解毒的记载，如《本草纲目》《神农本草经》《植物名实图考》等。据报道，我国药用蕨类植物约有48科、108属、396种，海南岛约有药用蕨类植物25科、34属、47种。

药用蕨类大多全草可入药，具有清热解毒、镇痛消炎、舒经活血、止血消肿、安神健胃、祛风除湿等多种功效，如瓶尔小草、乌蕨全株可清热解毒、平肝润肺、止咳镇痛等。卷柏，民间称为“九死还魂草”，全草可入药，外敷可治刀伤出血；金毛狗的鳞片也具有同样的效果；此外，芒萁、海南海金沙、黑心蕨等有舒筋活血的功效，主治跌打损伤。而对泌尿系统疾病具有药用价值的种类还有金毛狗、凤尾蕨、阴地蕨等。

对消化系统具有疗效的蕨类植物也有很多，如凤尾蕨、半边旗在民间可用来治痢疾及止腹泻；海金沙可治肠炎、痢疾及肾盂肾炎。另外，用心叶瓶尔小草外敷可治毒蛇咬伤；用海金沙可治尿路感染、尿路结石等；用阴地蕨可治小儿惊风，其肉质根状茎还具有滋补作用；阴石蕨的根活血止痛、接骨续筋；贯众的根状茎能治虫积腹痛、流感等症，也可作除虫农药；乌蕨在民间用作治疗疮毒及毒蛇咬伤等。

近年来对蕨类植物化学成分的研究及应用越来越多，并有一系列的研究成果见于国内外的杂志上，并有望在药用蕨类资源中发现新的药用性能，如金毛狗、铁芒萁等一些蕨类中已发现了某些抗癌的物质。

③食用蕨类植物

我国把蕨类植物作为蔬菜食用已有悠久的历史，早在公元前就有记载。《诗经》中“山有蕨薇”，描述了周朝初年有伯夷、叔齐两人采蕨于首阳山下（今陕西省西安市西南）以蕨为食的情景。

据统计，目前，我国民间食用和形成商品生产的食用蕨类植物共有22科、17属、37种；海南岛约有食用蕨类14科、14属、16种。海南以橡胶林中常见的七指蕨食用较多，通常是叶柄连同嫩叶，洗净后直接炒食，或民间自制成干品和腌制品后出售。其他如风行于台湾的鸟巢蕨（山苏花）。自20世纪80年代以来，我国各地如吉林、辽宁、广东、贵州等均已成立以食用蕨类为原料的食品加工厂，产品畅销国内外。海南应在这方面充分利用已有的资源优势，使这一“山珍之王”不致埋没于山野之中。

④其他蕨类植物

蕨类植物的应用还体现在许多方面，有的蕨类植物是工业生产上重要的原料，如乌蕨可作红色染料；鳞毛蕨属的一些种由于含有儿茶酚类的单宁物质，可提取鞣料加工皮革，掌叶海金沙由于叶轴长而质韧，海南当地人民常用它来制作绳索。有些蕨类是农业上优良的饲料和肥料，如满江红，是固氮植物，它通过与蓝藻的共生作用，能从空气中吸收、固定和积累大量的氮使之成为可利用的氮肥，其干品含氮量达到4.65%，是不可多得的绿肥；同时，它又可作猪、鸭等家畜与家禽的饲料。此外，由于里白属和芒萁属等蕨类植物的叶子含有单宁，具有质地坚硬、通气好、不易腐烂和发生病虫害等特点，用它垫厩，不但可以作厩肥，还可以减少厩圈病虫害的滋生，也是常绿树苗蔽荫覆盖或苗床覆盖的极好材料。金毛狗根状茎上的鳞毛如用来装枕芯、软垫，既柔软又凉爽，胜过羽绒。有的蕨类植物对外界环境具有高度的敏感性，是各种生态环境敏感的环境指示植物。根据不同蕨类的群落分布，一方面可以指示土壤的酸碱性，另一方面可指示环境的局部气候，显示当地气候与土壤条件的综合特征，如铁线蕨属、肿足蕨属等植物生长在强钙质土壤上，是南方钙质土和石灰岩的碱性指示植物；而里白科的铁芒萁和海金沙科的小叶海金沙能适应在pH 4.0～5.5的强酸环境，是酸性土壤的指示植物。另外，根据蕨类植物的种类，可以判断该地区的气候类型，如有桫椤属和地耳蕨属生长的地方是热带与亚热带气候。而在热带亚热带生长的巢蕨属、车前蕨属、松叶蕨属除了需较高的温度外，还必须有较高的空气湿度。一些蕨类植物如木贼科的某些种能积累土壤中的矿物质，说明矿物质在土壤中的含量，为矿质勘探提供参考。

（2）海南岛蕨类植物资源利用存在的问题

①蕨类植物资源利用不充分

目前，由于人们对蕨类植物的认识不足，海南岛内大量的蕨类植物资源还未被开发利用，大部分的蕨类植物隐藏于深山老林里，只有少数蕨类植物在民间得到利用，如食用蕨类蕨菜，药用蕨类卷柏、海金沙、金毛狗、铁线蕨等。观赏蕨类肾蕨、凤尾蕨、鸟巢蕨、铺地蜈蚣仅经简单处理后自用或于当地农贸市场销售。

②蕨类植物资源破坏严重

随着人口的增长、土地开发强度与面积的不断加大，特别是缺乏统一有效的管理，不少原始森林的外围甚至整个次生林常被当地居民开垦为槟榔、橡胶、果树、纸浆林等经济林地，这样生于原始森林外围及次生林中的蕨类植物就直接遭到砍伐及清除，导致一些蕨类植物赖以生存的特有生境消失，使得某些物种濒危甚至灭绝。有的蕨类因其有特殊的药用价值，如金毛狗，遭到大量采挖；还有的村民在不法商贩擅自哄抬物价后进行“抢采”，如鸟巢蕨。

二、鸟巢蕨概述

鸟巢蕨是热带附生植物的代表种，植物分类属于铁角蕨科（Aspleniaceae）铁角蕨属（*Asplenium*），本属共有722个种，分布于除南极洲以外的全球各地，形态、习性差别较大，故有部分学者将形态上类似的约30个种组成巢蕨属（*Neottopteris*），这一观点为生产者、爱好者提供了一定的参考，但并未获得学术界的普遍认可。

鸟巢蕨喜阴常绿，具有巢状株形，观赏性优秀，可作林下植被和小区绿化精品点缀，也是热带雨林景观必不可少的元素；作为切叶产品具有保鲜期长的特点，是上等切花配材，也是我国切叶产业的主要品种之一，用于各种类型的花篮插花、花瓶插花和艺术插花等。

海南光、温、水资源丰富，有“天然大温室”的美誉，十分适合鸟巢蕨的生长。在海南发展鸟巢蕨切叶生产，具有投产快、成本低、质量好等优势。目前，海南已逐渐成为我国鸟巢蕨切叶的主产区。

（一）鸟巢蕨的分布

鸟巢蕨原产于我国及东南亚一带，在很多热带地区都有分布。在中国主要分布于台湾、福建、香港、广东、广西、海南、湖南、四川、贵州、云南和西藏等地，呈大丛附生于雨林中树干上或岩石上，海拔100～1900m，在海南山丘至海拔1200m左右均有分布。

国外主要分布于斯里兰卡、印度、缅甸、柬埔寨、越南、日本（本州、四国、九州）、韩国（济州岛）、菲律宾、马来西亚、印度尼西亚、大洋洲热带地区及东部非洲。

（二）鸟巢蕨的主要价值

1.观赏价值

鸟巢蕨是典型的热带观叶花卉，其叶片俊逸、美观大方、热带气息浓郁、持久耐插，既是难得的热带切叶佳品，亦可用作盆栽观赏。其叶片条形、叶缘波状、叶形优美、叶色油绿，并且离体叶片持久耐插，是理想的插花陪衬材料，特别是经过人为加工而成的鸟巢蕨，可给居室播清扬凉，其叶带状如古代飞天神女的罗衫翠影轻飘，其丛状附生植株又如同鸟巢悬挂树端。鸟巢蕨在花艺作品的设计中可以扮演很多角色，可当铺底或线条，也可以当主角以整株形式表现出鸟巢蕨的自然生长形态，近年在观叶植物中可谓是一枝独秀，深受人们的青睐与喜爱。早在20世纪80年代初台湾鸟巢蕨（*Asplenium nidus* L.）就被我国台湾花农开发成为热门的切叶植物，供插花配材用，外销日本曾经高达179万枝。

图2-1　鸟巢蕨盆花

图2-2　切叶型鸟巢蕨

鸟巢蕨叶片簇生，叶色鲜绿具光泽，四季常青，形态优雅，风韵独特，给人以生机勃勃的感觉，叶形丰满而线条柔和，是近年来深受消费者欢迎的新型盆栽观叶植物之一。鸟巢蕨作为观赏植物栽培，尤其是近年来用作切叶发展迅速，栽培面积不断扩大。多年来，海南省主要切叶植物就是富贵竹、巴西铁、散尾葵和龟背竹四类，切叶市场上的切叶种类略显单调，而鸟巢蕨切叶的出现丰富了海南热带切叶市场，为打响海南的切叶品牌增添了一份助力，满足了人们求变的心理需求和对美感的多样化追求，同时也为海南热带花卉产业的发展注入了新的活力。

2.园林价值

鸟巢蕨作为附生植物代表性植物，分布于雨林之内，其形态优美、巢基奇特，是热带雨林的一个奇观，为热带地区的园林提供了空间绿化的宝贵材料，成为人们营造雨林景观和热带植物园的首选植物。同时，鸟巢蕨是附生先锋植物，可以为兰花、其他蕨类植物和凤梨等附生植物提供共生的栖息地，蕨类与兰花等热带植物成为营造热带景观的主要园林植物。

图2-3　鸟巢蕨用于室内美化

鸟巢蕨具有美化作用，给人以生机勃勃的感觉；此外，鸟巢蕨的叶片对二甲苯和甲醛有一定的净化作用，并对二氧化硫等有指示作用。随着人们对高质量生活的追求，鸟巢蕨的园林与园艺价值越来越突出。

图2-4　热带植物园造景

图2-5　鸟巢蕨园林绿化

图2-6　生态种植

图2-7 雨林生长的鸟巢蕨

3.食用价值

鸟巢蕨的可食用部位是其嫩芽，主要营养成分丰富，适合人体需要，钙质含量高，在东南亚地区、我国台湾等地均作为新型蔬菜食用，卷曲嫩叶可炒、煮食，亦可煮稀饭和做泡菜。根据徐诗涛等学者的研究结果，鸟巢蕨中主要营养成分粗蛋白、粗脂肪、总糖、粗纤维的含量分别为样品鲜重的2.82%、2.59%、1.56%、1.16%，并含有18种氨基酸。鸟巢蕨的β-胡萝卜素含量为10.4μg/g，维生素A含量为9.9μg/g，维生素B含量为0.7μg/g，维生素C含量为791.2μg/g，钙元素为362μg/g，铁元素含量为6.8μg/g，磷元素含量为860μg/g，钾元素含量为4921μg/g，锌元素含量为5μg/g，锰元素含量为9.9μg/g，铜元素含量为19.1μg/g。鸟巢蕨的营养价值在多方面都优于油菜、菜花、西芹等常见蔬菜，是一种符合现代营养学对健康食品要求的药食同源的功能性野生蔬菜。

4.药用价值

鸟巢蕨在热带国家和地区普遍地被当作一种重要的药用植物。国内专家认为鸟巢蕨全株都可入药，具有强壮筋骨、活血化瘀、消热解毒、利尿消肿、通络止痛之功效。临床多用于治疗跌打损伤、骨折、血瘀。在海南、广东、云南等地，当地百姓治疗骨伤时外敷鸟巢蕨药泥于伤处外部，或结合煎汤内服，能很好地促进骨折愈合。印度西高止山脉地区传统上用鸟巢蕨根部治疗发烧、象皮病，用涂抹方法治疗咳嗽和胸疼；叶部用烟熏可治疗感冒。马来族用鸟巢蕨做净化剂、镇定剂，消除疲劳和胸疼等。

5.生态价值

作为大型的附生植物，鸟巢蕨在热带森林生态系统中发挥着重要作用。其生态功能主要体现在对森林生态系统的水分与养分循环的调节、丰富并维持森林生物多样性等方面。

图2-8　生长在雨林中的鸟巢蕨

鸟巢蕨能够调节森林的水分循环，是由于鸟巢蕨特殊的形状和结构所致。附生鸟巢蕨的叶片具有特殊的保水特性，底座的巢基部分气生根能有效地吸收空气当中的水分，特别是云雾水。鸟巢蕨一般可以储存自身干重5～6倍的水分，雨季可以达到10倍左右。干旱时，鸟巢蕨可以将叶片生长转化为根部生长，这样给整个微环境提供了水分，也为其他附生植物提供度过干旱季节的保障，被誉为“树干上的水库”，对森林生态系统水分循环起到重要作用。对季节降水有调节作用，从而可以减缓雨季洪水和侵蚀，并为旱季储藏水分，并保持一定的空气湿度。鸟巢蕨巨大的巢基部分中由气生根内部包含的由腐殖质转化成的营养土不仅能提供养分，还能保持水分。

鸟巢蕨独特的形状与生理结构，还有助于鸟巢蕨调节森林的养分循环。鸟巢蕨的巢基部分，由气生根团聚，展开叶片直径可达50～200cm，因此能够收集枯枝落叶和水分，并将收集的凋落物转化为高位土壤。在马来西亚的沙巴州观测到，每公顷范围内的鸟巢蕨可生产3.5吨这种高位土

图2-9　巢基（用来收集枯枝落叶和水分的位置）

壤。该土壤不仅有机质成分比地面的多0.5～2倍，其他成分含量也高。这种高位土壤中含有的无脊椎动物比地面土壤中的要高出20多倍，因此鸟巢蕨被称为“雨林中的绿色肥料工厂”。

鸟巢蕨既能高效地利用森林中的各种降水，也能收集各种枯落物，通过各种无脊椎动物和微生物的加工，形成自己需要的养分库，同时也通过雨水与宿主和其他附生植物、动物等分享养分和水分，因此丰富并维持了

图2-10　生长在雨林林冠层的鸟巢蕨

森林生态系统的物种多样性和基因多样性。鸟巢蕨硕大的巢基结构能承接大量枯枝落叶及雨水，转化成腐殖质作为自己的营养物质，并为其他热带附生植物生长、繁殖定居创造特化条件。因此野外常见兰花和蕨类、蕨类和苔藓、蕨类和藤本植物等附生植物共生，形成独特的热带雨林生态景观。

在热带雨林中，发现在鸟巢蕨中的无脊椎动物占整个林冠层中无脊椎动物的14%以上，并且该动物群落对整个雨林林冠层的动物群落结构有决定性的作用，同时发现了许多新的物种，因为鸟巢蕨提供了独特的生境条件，维持了整个雨林的无脊椎动物多样性。鸟巢蕨作为林冠附生植物群落所形成的垫层组织能够为鸟类和生活在树上的其他动植物提供栖息场所和食物。鸟巢蕨的生态岛功能为无脊椎和脊椎动物及植物等提供了庇护所，从而维系了种子植物、鸟类、脊椎动物、附生植物和微生物的物种多样性和基因多样性。

由于鸟巢蕨在森林生态系统中的作用和其对环境变化的敏感性，生态学家们均将鸟巢蕨作为指示植物进行长期气候和环境监测。非洲坦桑尼亚热带雨林和澳大利亚东北部低地热带雨林生态环境监测达10年，有的达20年，为气候和物种变化提供参考数据。在生境退化和气候变迁的过程中，鸟巢蕨对环境的较强的适应能力，使其成为热带雨林中具有吸引力的生态岛，为各种无脊椎动物提供了庇护，是理想的微生境。随着林冠学研究的深入，作为比较大型的附生植物，鸟巢蕨逐渐成为热点植物。

（三）鸟巢蕨文化

鸟巢蕨叶片宽大，株形像个鸟巢，属于“吉利之物”，可寓意吉祥如意、聚财纳福。鸟巢蕨花语是吉祥、富贵、清香常绿。

关于鸟巢蕨，民间还流传着这样一个故事：传说中鸟巢蕨原本叫作山苏花，它也是自然母亲的孩子，每当春季来临的时候，自然母亲就会告诉它抚育的孩子们，要开出世界上最为美艳的花朵。在自然母亲的鼓励之下，牡丹选择了在春季开放，当然牡丹也成为了春天花中姐妹的佼佼者，那艳红、纯白的大花朵让其他植物看了都无比羡慕。

山苏花也想如此，所以它就决定在夏天开花好了，因为春天已经被牡丹的耀眼给占据了。可是到了夏天的时候，阳光变得无比强烈，山苏花觉得自己不能承受太阳带来的热情，于是就准备继续等待，可在这个时候荷花绽放了，此时的山苏花觉得将夏天留给荷花也没什么不好，反正自己也不喜欢那刺眼的日光。

就在温度一天天升高的过程中，山苏花睡着了，等到它醒来的时候，发现金黄色的秋季已经是菊花的天下了，于是它只能感慨自己的时运不济。可当寒风呼啸着来到山苏花身旁的时候，它又被这冷意给吓退了，这样冰封的冬季就属于了清丽的梅花。

由于山苏花一年四季都没有成功地绽放过它的花朵，它也就暗暗决定不再参与这场争奇斗艳的选拔了，自此以后山苏花就失去了它开花的能力，一直到今天，我们还没有看见过山苏花开花。尽管鸟巢蕨不会开花，但是它那宽大的深绿叶片也能向世人展现出它的美好之处，而这也仿佛是鸟巢蕨和自然母亲做的一个交换，用它那开花的能力去换得了别的价值。

三、生物学特性

鸟巢蕨，铁角蕨科铁角蕨属，多年生常绿草本蕨类。俗称山苏花、鸟巢羊齿、雀巢羊齿、山翅菜、歪头菜等，英文名：Bird's nest fern、Nest fern等，常着生于阴湿的树干或岩石细缝里。人工栽培需营造温暖湿润的环境，光照强度不宜超过20000lx。

鸟巢蕨叶片丛生，整齐密集，单株叶数可达50片以上，常年翠绿光洁，极具观赏价值，是极佳的盆栽植物与切叶材料。适合作为切叶的鸟巢蕨优良单株生长旺盛，从小苗到商品叶成熟所需的生长期短；植株紧凑，叶形优美，叶片笔直光亮、叶柄稍长，叶缘呈微波浪状，叶片数多；新叶萌发量大，一般在3轮以上（含3轮），且一级商品叶产量高。

图3-1　优良单株

图3-2　优良切叶单株

图3-3　优良切叶单株

图3-4　优良盆栽

图3-5 优良盆栽

（一）形态特征

1.根

鸟巢蕨具不定根，从根状茎茎基部生出，密生大团海绵状须根，能吸收大量水分，组成不定根系。随着苗木的不断长大，不定根逐渐替代初生根系，起到支持、固定植株的作用，并能大量吸收水分、无机盐及合成某些养分。

图3-6 鸟巢蕨不定根

2.茎

鸟巢蕨具根状茎，直立，粗短，木质，粗约2cm，深棕色，先端密被鳞片；鳞片蓬松，阔披针形，长1～1.7cm，先端纤维状并卷曲，边缘有几条卷曲的长纤毛，薄膜质，深棕色，稍有光泽。

图3-7　鸟巢蕨根状茎

3.叶

叶片宽大，簇生，自圆形基座长出，丛生于短根状茎的顶端，由中心向四周辐射状开展成巢状。叶柄短，长约5cm，粗5～7mm，浅禾秆色，木质，干后下面为半圆形隆起，向上光滑；主脉两面均隆起，上面有阔纵沟，表面平滑，两侧无翅，基部密被披针形棕色鳞片，小脉两面均稍隆起，斜展，分叉或单一，平行，相距约1mm。叶革质，干后棕绿色或浅棕色，两面均无毛。叶片长披针形，叶缘微波状，波浪状或间有小缺刻，尖端多呈圆形或凹裂甚至分叉；单叶全长70～120cm，宽8～15cm，渐尖头或尖头，中央部分较宽，中脉呈黑褐色条纹，宽0.5～0.8cm，向下逐渐变狭而长下延，叶边全缘有软骨质的狭边，干后反卷。

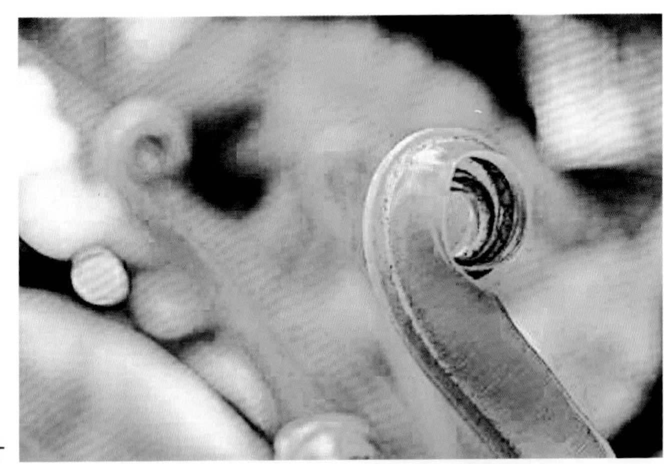

图3-8　鸟巢蕨嫩叶

图3-9　鸟巢蕨成熟叶片

4.孢子囊

3年生以上成熟叶片叶背着生褐色孢子囊群，位于中肋和叶缘之间，线形，长3～5cm，生于小脉的上侧，自小脉基部外行约达1/2，彼此接近，叶片下部通常不育；囊群厚膜质，全缘，宿存。

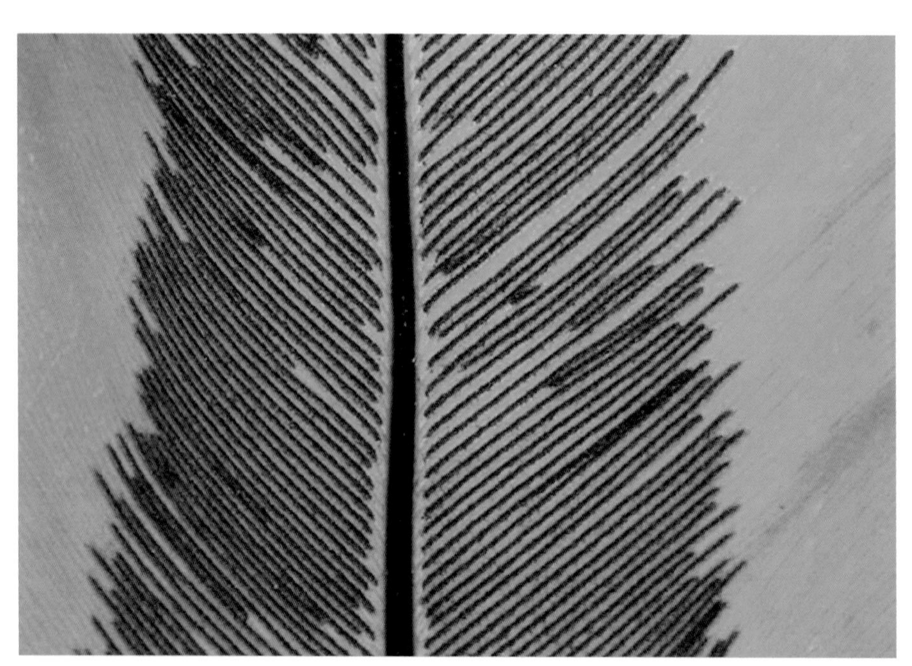

图3-10　孢子囊

（二）生长发育规律

鸟巢蕨常着生于阴湿的树干或岩石细缝里，冬春生育缓慢，夏秋发育快速，喜20～30℃，若低于15℃则有黄化、坏疽等寒害现象，若长时间低于5℃，则会受冻害，甚至死亡。鸟巢蕨对大部分病虫害均有较好的抗性。

自然条件下，鸟巢蕨通过孢子繁殖，孢子播种至成株至少需2年以上时间，人工栽培环境下，鸟巢蕨成株月平均生长量为5～7片叶。在野外附生状态下，鸟巢蕨生长缓慢，发育率较低，成株鸟巢蕨一般要3～5年时间，有些要达10多年时间，才能形成稳定的微生态系统。

（三）对环境条件的要求

1.温度

鸟巢蕨生长的适宜温度为20～30℃，在夏季高温期生长快速，当气温超过30℃、空气湿度高时，易发生病虫害；而冬、春低温期生长缓慢，冬季夜间温度应在15℃以上、白天20℃以上，温度低会停止生长。不论是家庭盆栽，还是生产性栽培，最好能保持15℃以上的棚室温度，条件不具备时，至少应保持5℃以上的棚室温度，若温度过低，易导致其叶缘或叶片有黄化、坏疽的寒害现象产生，从而使植株变成棕色，甚至死亡。

2.光照

鸟巢蕨的原生环境为潮湿丛林中，多作附生态，具有很强的避光性，只需少量的散射光就能正常生长，因此盆栽植株可常年放在室内光线明亮处养护。在春、秋季短期放在室外树荫下或大棚中，则更有利于其生长，并能增加叶面的光泽。切叶栽培也需要做好遮阴处理，尤其是在夏季生长旺盛，一般在有遮光下才利于生长，叶片富有光泽；光线不能太强，至少要遮光70%～80%，否则会造成叶片黄化，植株矮小，更严重时有烧焦现象，降低其观赏价值。

3.水分

鸟巢蕨喜水，盆土宁湿勿干为宜，平时需要保持湿润。夏季高温、多湿，新叶生长旺盛需多喷水，充分喷洒叶面，同时给周边地面洒水增湿，维持局部环境有较高的空气湿度，既可增加叶面的光泽，又对孢子萌发有利。如果盆土缺水或空气比较干燥，易引起叶缘干枯卷曲。冬季气温较低时，以保持盆土湿润为好，可多喷水，少浇水，以免在低温条件下因盆土中水分过多而造成植株烂根。

4.土壤

鸟巢蕨生性强健，对于大多数土壤或栽培介质皆可适应，因有其发达的气生根来紧固腐殖质，所以基质的保肥性更为重要，故以有机质成分较高、通气和保水性佳的基质最好，要求基质的质地疏松、肥沃、弱酸性。

5.肥料

鸟巢蕨特殊的形态和构造，有利于其吸收水分、养分。它的根茎短而密生鳞片，并产生大团海绵状须根，能吸收较多的水分。叶片辐射状着生于根茎顶端，呈鸟巢状或中空的漏斗状，在原生环境中能收集落叶和鸟粪及雨水于其巢中，这些物质转化为腐殖质，可作为自己养分来源的一个重要部分。

鸟巢蕨在其生长旺盛季节，氮、磷、钾均衡的薄肥，可促使其不断长出大量新叶，如果植株缺肥，叶缘也会变成棕色。

四、鸟巢蕨分布、分类与品种介绍

（一）鸟巢蕨分类与分布

鸟巢蕨属大型常绿附生性蕨类，根茎块状，外被多数气生根，叶片丛生在根茎顶端，单叶簇生，呈辐射状向四周散开，近似鸟巢，因而得名，其英文名Bird's nest fern表达了同样的含义。鸟巢蕨附生在树干、岩石上，亦可地栽，其向上斜举的叶片可以收集雨水、落尘与落叶，接引到根茎部位，以这种方式有效收集水分和腐殖质。鸟巢蕨通常指巢蕨（*Asplenium nidus*）、大鳞巢蕨（*Asplenium antiquum*）和澳洲巢蕨（*Asplenium australasicum*）等及其栽培品种，广义上包含30余个种（已归并为15个种）的蕨类植物，旧称巢蕨属。

表4-1　巢蕨属植物名录

序号	学名	中文名	常见异名	分布
1	*A. amboinense*		*Neottopteris simplex*; *N. taeniosa*	印度尼西亚，新几内亚岛，菲律宾，萨摩亚，所罗门群岛，斐济
2	*A. anguineum*	阔足巢蕨；黑鳞巢蕨	*A. oblanceolatum*; *N. latibasis*; *N. subantiqua*	中国南部的海南、湖北、四川、贵州、云南、广西等地；印度阿萨姆邦，柬埔寨，印度尼西亚，马来半岛，缅甸，新几内亚岛，菲律宾，所罗门群岛，泰国，越南
3	*A. antiquum*	大鳞巢蕨	*N. antiqua*	中国的江苏、浙江、上海、福建、台湾、广东、广西、江西、湖南等地，日本，琉球群岛，韩国

（续）

序号	学名	中文名	常见异名	分布
4	*A. antrophyoides*	狭翅巢蕨；阔翅巢蕨	*N. antrophyoides; N. latipes*	中国湖南、云南、广东、广西、四川、贵州等，老挝，泰国，越南
5	*A. australasicum*		*N. australasica*	澳大利亚东北部，新西兰南部，夏威夷群岛，斐济，汤加，瓦努阿图等大多数的太平洋岛屿和国家
6	*A. curtisorum*		*N. curtisorus*	印度尼西亚，菲律宾
7	*A. cymbifolium*		*N. cymbifolia*	印度尼西亚，新几内亚，菲律宾，所罗门群岛
8	*A. grevillei*		*N. grevillei*	印度阿萨姆邦，老挝，马来西亚，缅甸，斯里兰卡，泰国，越南
9	*A. humbertii*	扁柄巢蕨；长柄巢蕨	*A. longistipes; N. humbertii; N. longistipes*	中国河南、江苏、江西、浙江、福建、湖北、湖南、广东、广西、云南、贵州、四川、海南等，老挝，泰国，越南
10	*A. musifolium*		*N. musifolia*	安达曼群岛，印度尼西亚，老挝，马来西亚，新几内亚，尼科巴群岛，菲律宾，泰国
11	*A. nidus*	巢蕨	*N. elliptica; N. hainanensis; N. nidus; N. ovata; N.stenocarpa; N. vulgaris*	中国广东、广西、海南、贵州、云南、西藏、台湾、香港等，俾斯麦群岛，印度尼西亚，马来西亚，新几内亚，菲律宾，澳大利亚昆士兰州，所罗门群岛
12	*A. phyllitidis*	长叶巢蕨	*N. orientalis; N. phyllitidis*	中国南部的广西、海南、贵州、云南、西藏等地，印度，孟加拉国，马来西亚，缅甸，尼泊尔，尼科巴群岛，菲律宾，印度尼西亚，泰国，越南
13	*A. salwinense*	尖头巢蕨	*N. salwinense*	中国云南、四川、湖北
14	*A. simonsianum*	狭叶巢蕨	*N. simonsiana*	中国西南的广西、云南、西藏，孟加拉国，印度
15	*A. vittaeforme*		*N. pachyphylla; N. squamulata; N. stipitata*	印度尼西亚，马来西亚，菲律宾，泰国

（二）常见品种介绍

1.巢蕨及品种

（1）巢蕨（*Asplenium nidus*）

又名鸟巢蕨、台湾山苏花、山苏花、尖头巢蕨等，原产澳大利亚昆士兰州、东南亚各国；1753年发布于*Species Plantarum*。

（2）圆叶山苏花（*Asplenium nidus*‘Avis’）

叶片较短且宽，叶形柔美，株形饱满紧密。

（3）羽叶山苏花（*Asplenium nidus*‘Fimbriatum’）

叶较短，且叶缘呈羽状刻裂。

（4）眼镜蛇巢蕨（*Asplenium nidus*‘Cobra’）

叶片整体较为规则的呈横向褶皱。

（5）鹿角鸟巢蕨（*Asplenium nidus*‘Crissie’）

植株较小，叶片顶端分叉如鹿角状。

（6）深裂鸟巢蕨（*Asplenium nidus*‘Saw Tooth’）

与羽叶鸟巢蕨相比，叶片较宽，深裂至中部，略微褶皱呈波浪形。

2.大鳞巢蕨及品种

（1）大鳞巢蕨（*Asplenium antiquum*）

又名鸟巢蕨、山苏花，原产我国南部、朝鲜半岛、日本等；1929年发布于*Journal of Japanese Botany*。

（2）波叶鸟巢蕨（*Asplenium antiquum*‘Osaka’）

叶缘呈波浪状，株型较小。

（3）异叶鸟巢蕨（*Asplenium antiquum*‘Leslie’）

株型较鹿角鸟巢蕨更为低矮紧凑，叶片中前端分叉，并呈卷曲状或冠状，形似生菜。

（4）维多利亚鸟巢蕨（*Asplenium antiquum*‘Victoria’）

株型较大，叶片整体平直，叶缘呈细小、密集的波浪形。

3.澳洲巢蕨类

澳洲巢蕨（*Asplenium australasicum*）

又名南洋山苏花，原产澳大利亚东部及斐济、瓦努阿图等太平洋岛国。1859年发布于*Filices Exoticae*。

五、繁殖技术

乌巢蕨通常的繁殖方法为孢子繁殖、分株繁殖和组织培养繁殖。

（一）孢子繁殖

蕨类繁殖主要以孢子为主，我们平常看到的蕨类是它的孢子体，孢子体产生孢子，孢子成熟后，孢子囊由唇细胞处开裂，由弹性环将孢子弹出，随风飘散。孢子落在适宜环境中便开始生长，成为仅有单层细胞的配子体（gameto-phyte），也称原叶体。配子体中有颈卵器及雄精器，每一颈卵器中有一个卵子，每一雄精器中有许多具有鞭毛的精子，精子需借水才能与卵子结合。精卵结合后发育成胚再长成幼孢子体。配子体染色体为单倍体，由原叶体下方的假根进行吸收水分及养分的功能，配合叶绿体进行光合作用，让配子体逐渐成长，在发育成熟时配子体会产生雄精器（archegonium）与颈卵器（anteridium），雄精器中的精子以水为媒介游至颈卵器中与卵结合，成为具有双倍体的合子（zygote）。合子经由细胞分裂逐渐成长壮大，成为幼孢子体后，逐渐成长为成熟个体，即孢子体植株。再产生孢子，再一次开始蕨类植物世代交替的过程，如此周而复始的配子体世代与孢子体世代交互替换，是蕨类植物生活史最特别的一部分。

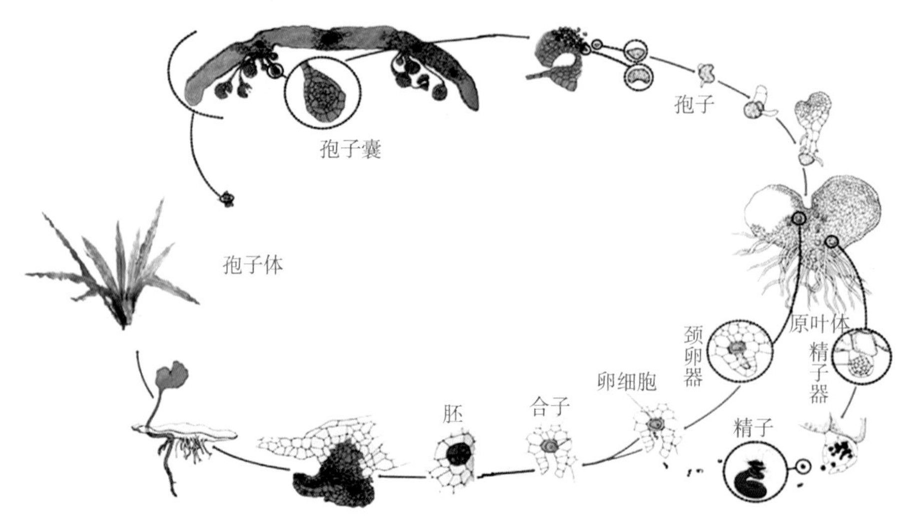

图5-1　鸟巢蕨生活史

图片来源：徐诗涛

1.孢子采集

鸟巢蕨孢子着生于叶背，当孢子成熟时会转成褐色，此时即可采集播种。首先将已有孢子成熟的叶片剪下，用刀片或者小刷子小心将孢子刮下收集起来，储藏在干燥阴凉处，或将带有孢子的叶片部分切成块状（1cm×1cm）并风干。

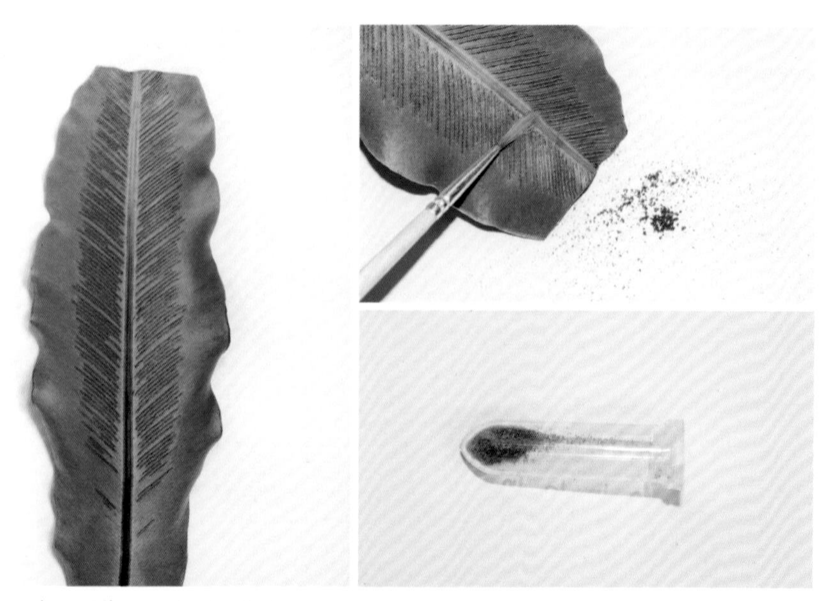

图5-2　孢子采集：用小刷子收集

图5-3 孢子采集：将带有孢子的叶片部分切成块状

2.孢子播种

孢子繁殖一般在春季进行，以3～4月最为理想。孢子播种以富含有机质（>40%）的弱酸性（pH 5.5～6.5）基质为宜，播种使用清洁且较细小的介质，如细蛇木屑、泥炭土、炭化稻壳、粗沙、椰糠或水苔等，为了避免藻类或苔藓滋生危害鸟巢蕨配子体的生长，介质皆以煮沸过的水浸泡或浇湿。鸟巢蕨人工繁育研究显示：鸟巢蕨孢子繁殖采取粗沙：细土：腐殖土：椰糠=2：2：2：3比例配成营养土，并用0.7mg/L的6-BA或200mg/L的GA_3处理成熟的孢子，将介质装在透明塑胶盒或水稻秧盘内，将孢子均匀撒播在介质上或是将带有孢子的叶片以孢子面朝上放置，然后盖上盖子或用保鲜膜封好以保持高湿度，并置于有遮阴网的温室植床下或室内较明亮处，切记不要阳光直射。

图 5-4　孢子播种

注：A.将带有孢子的叶片以孢子面朝上放置；B.播种后盖上盖子密封；C.将孢子均匀撒播在介质上；D.播种后盖上盖子密封；E.孢子繁殖原叶体出现

3.播种后管理

（1）孢子萌发期管理

孢子播种后10～15d为孢子萌发期，该阶段可作暗处理或遮光处理，避免强光照射；该时期温度控制在20～25℃；播种后每天用喷雾器对育苗盘表面均匀喷雾，保持基质和空气湿度。

（2）原叶体形成期管理

孢子播种后10～15d，育苗盘表面出现绿色斑点，鸟巢蕨原叶体开始形成，需将叠放的育苗盘平铺在育苗床上，再经历60d左右可形成成熟的原叶体。此期间保持温度20～25℃、空气湿度80%～85%、光照3000～4000lx，环境通风良好，每3～5d用1000目雨洒浇水1次，保持基质湿润，忌基质过湿。每15d使用氮、磷、钾均衡肥（20-20-20）3000～4000倍液浇施1次。

该阶段水分管理极其重要，关系到孢子繁殖的成败，基质长期积水易造成原叶体的腐烂和藻类的过度繁殖，藻类的过度繁殖会将原叶体覆盖，造成原叶体受光不足，无法进行光合作用，生长迟缓甚至死亡；原叶体靠着生在背面的假根系吸收水分和养分，基质过度干燥极易造成原叶体脱水死亡。因此，该阶段水分管理要做到基质干湿交替，避免基质长期过湿和过度干燥，保持空气湿度稳定，通风良好。

（3）受精期管理

孢子播种后75～90d长成边缘圆滑、叶片浓绿光亮、直径0.3～0.5cm的原叶体，此时原叶体上的雄精器和颈卵器发育成熟，雄精器产生精子要以水为载体进行运动，以达到颈卵器与卵子结合完成受精过程。因此，原叶体成熟后，每天要分多次向原叶体表面喷水，保持原叶体表面湿润，促进精子移动，一般连续操作5～7d完成受精，孢子体叶片开始发育。

（4）孢子体发育期管理

孢子体开始发育后，随着孢子体叶片的生长和孢子体根系的发育，孢子体具备了较强的光合作用及吸收水分和养分的能力，该阶段的管理在保证基质和空气湿度的前提下，可以适当增加光照，增加养分的供给，以促进孢子体的快速发育。

4.孢子体移栽

（1）适时移栽

待孢子体叶片长到2片，叶长达0.5cm以上即可移栽。移栽容器选用128穴黑色穴盘，用播种基质填充穴盘，轻压平整，浇透水，备用。用镊子轻轻夹取鸟巢蕨孢子体，将根系轻压至每穴中央，轻压覆土，保证根系与基质充分接触。

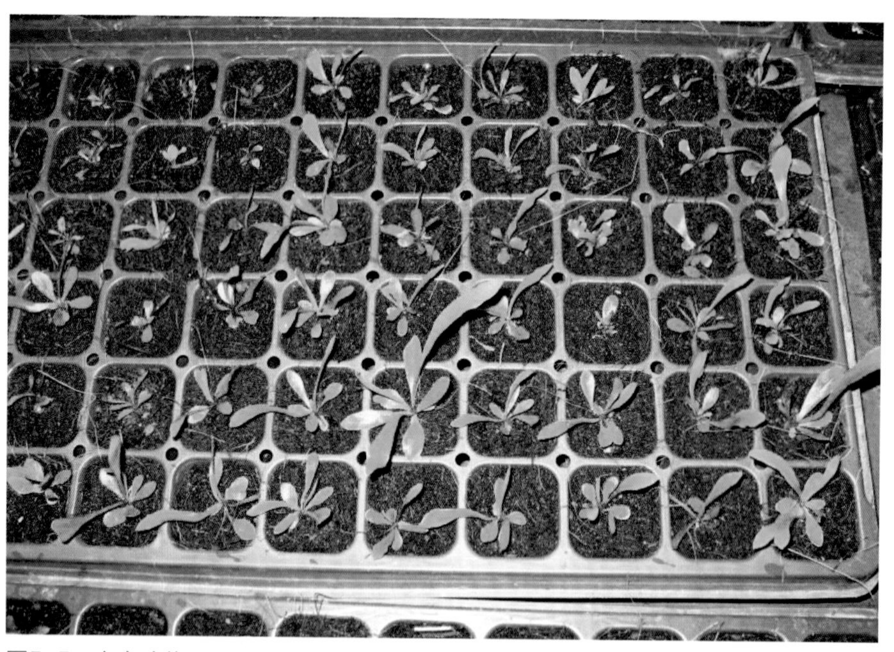

图5-5　穴盘移栽

（2）移栽后管理

孢子体移栽后置于育苗床上，移栽7d内保持室温20～28℃、湿度80%～85%、光照约3000lx，每天用喷雾器向小苗叶片喷雾，喷雾量以叶片表面湿润而不结水滴为宜，每天喷雾3～5次。

小苗移栽后经过7d左右的缓苗，鸟巢蕨开始快速生长，此阶段可以适当提高温度，温度保持在23～28℃，能够保证其快速生长。苗期每

5～7d浇1次水，每15d浇1次氮、磷、钾均衡肥（20-20-20）3000倍液，保持空气湿度80%～85%、光照5000～6000lx，要保持环境通风良好。经过3～4个月的培养可长成成熟穴盘苗。对鸟巢蕨的穴盘苗育苗时，植株叶片有2～3cm长时可假植在72格穴盘上，经过3个月的生长，再将其移植到35格穴盘，再经3个月就可移植至10cm×10cm盆上。

图5-6　移栽后穴盘育苗管理

虽然鸟巢蕨利用孢子播种至成株至少需2年以上，但此方法简单且可获得大量的植株。另外在所栽培的鸟巢蕨成株下面，孢子因成熟自然掉落而发芽，丛生许多小苗，将其挖起后种植，数量也很可观。

（二）分株繁殖

由于鸟巢蕨很少有分枝产生，也没有不定芽，故不能用常见的分离子株的方法分株，所以要简易无性繁殖就要靠分割法来进行。

一般是在4月中下旬，将生长健壮的植株从根状茎基部分切成若干块，或扒下旁生的小植株，并将叶片剪短1/3～1/2，使每块带有部分叶片和根茎，并单独盆栽且以少量的腐叶土覆盖，成为新的植株。盆栽后放在温度20℃以上、半阴和空气湿度比较高的地方，尽快恢复伤口。盆中栽培基质稍湿润，但不可过于潮湿，否则容易腐烂。待新叶片生出后可逐步恢复原来的株形。分株是花卉爱好者最为行之有效的繁殖方法。

图5-7　分株繁殖

注：A.脱盆，去掉基质；B.从根茎基部分切；C.根茎基部分割后；D.上盆准备；E.叶片剪短1/3～1/2；F.少量基质覆盖；G.压实；H.种好后的盆栽

（三）组织培养繁殖

鸟巢蕨组培技术较为成熟，可利用其顶生短茎、幼叶或孢子等作为外植体，最佳诱导、增殖培养基为添加适量激素的MS配方，最佳生根培养基为添加适量赤霉素与蔗糖的1/2MS配方，待根系长度为2cm左右时即可移栽炼苗，30d后即可定植，可在短时间内培育出大量统一规格的商品苗，对鸟巢蕨的商品化具有极大意义。

组培苗移栽常使用无土基质，具有通风透气性好、质地疏松、轻便、易消毒处理等优点。鸟巢蕨的移栽基质通常由椰糠或泥炭与粗沙、膨胀珍珠岩混合组成。泥炭是一种经过几千年所形成的天然沼泽地产物，又称为草炭或是泥煤，是煤化程度最低的煤，具有无菌、无毒、无污染，通气性能好，质轻、持水、保肥等特点，矿质营养丰富，既是栽培基质，又是良好的土壤调节剂，价格较椰糠高；膨胀珍珠岩为火山喷发酸性熔岩经高温煅烧制成，具有吸水率高、重量轻、保水保肥等特性。

1.无菌播种法

蕨类植物孢子因其本身所含养分极少，播种繁殖需要较长时间，加上容易遭受藻类感染而竞争养分降低发芽率，或常因强光、干旱逆境造成死亡。利用无菌播种可提高孢子发芽率并加速生育。

为了取得较干净的植物材料，先将具有成熟孢子的鸟巢蕨植株移至室内至少1个月，并避免浇水时碰及叶片。用剪刀将带有孢子的叶片剪成长4cm、宽1.5cm的长条，先用70%酒精浸泡25～30s，再以1%的次氯酸钠振荡消毒20min，经无菌水清洗3次后，切成0.5cm × 0.5cm的大小，以孢子面朝上平放在培养基上，并稍微压入培养基中以吸收足够的水分。孢子播种用培养基配方以不含生长素的1/2MS培养基为主，添加10～20g/L的蔗糖。

孢子在瓶内播种7～10d可见发芽，若继续在固体培养基培养则需要3～5个月才可长出少量的孢子体。为了快速增殖，将配子体块取出培养在相同配方的液体培养基，经液体振荡培养2周可长出更多的配子体及愈伤组织，并因在水中使雄精器的精子和颈卵器的卵产生受精作用。

此时若将愈伤组织和配子体取出放在不含生长素或含BA 5mg/L的固体培养基，经1个月后就可长出许多孢子体植株。待小苗长至3cm左右即可移出驯化。另外若要快速增殖，也可将瓶内小苗分切数块继续培养，就可在短时间获得大量的苗。

2.原叶体培养

鸟巢蕨孢子播种为有性繁殖，若选拔出优良植株，我们可以在瓶内利用原叶体培养进行组织培养。鸟巢蕨的原叶体存在短缩茎的顶端，且上面覆盖很多黑褐色鳞片。将原叶体切除后，彻底清除上面的鳞片，先用棉花蘸70%的酒精将原叶体擦拭干净，经1%的次氯酸钠振荡消毒20min，再经无菌水清洗3次，经切成1cm × 1cm的大小，培养在含BA 5mg/L的1/2MS培养基中，1个月后已白化的原叶体会长出绿色的芽原体或愈伤组织，将其分切放在相同配方的固体或液体培养基，继续增殖更多的芽原体或愈伤组织。若将芽原体或愈伤组织放在不含生长素的培养基中就可长出幼孢子体，待苗长至3cm时就可经驯化移出瓶外种植。

图5-8 原叶体培养

注：A.选取外植体；B.诱导丛生芽；C.诱导愈伤；D.诱导生根

3.嫩叶培养

鸟巢蕨优良单株弯曲、未展开的嫩叶为外植体。消毒处理，材料用中性洗涤剂浸泡15min，自来水冲洗20min，无菌水冲洗5min，在超净工作台无菌条件下，用75%的酒精浸泡20s，无菌水漂洗3次，0.1%的HgCl消毒8～10min，再用无菌水冲洗5次，无菌滤纸吸干外植体表面的水分；分化培养，将消毒好的外植体切成0.5cm × 0.5cm的小块，正面向上接入MS基本培养基中，最佳培养基为MS+6-BA 2.5mg/L+NAA 0.1mg/L+蔗糖30g/L+活性炭0.5g/L+卡拉胶7g/L，pH5.8～6.0。培养温度为25℃ ± 2℃，光照强度为1000～1300lx，光照时间为10h/d。

增殖培养：诱导培养约50d后，进行继代培养，培养基为MS+6-BA 2.5mg/L+ NAA 0.1mg/L +蔗糖30g/L +活性炭0.5g/L +卡拉胶7g/L，pH5.8～6.0。培养温度为25℃ ± 2℃，光照强度为2400～3600lx，光照时间为10h/d。每代培养35d，连续增殖3代。

生根培养：将具有3片叶、高度达2.0cm左右的增殖苗分成单株，置于1/2MS培养基中，附加浓度为0.2mg/L的NAA，pH5.8～6.0。培养温度为25℃ ± 2℃，光照强度为2400～3600lx，光照时间为10h/d。每个培养周期30d。

炼苗：当鸟巢蕨组培苗瓶苗根长1cm左右时即可开始炼苗，在温室大棚环境下，温度为室温、空气湿度为80%～90%时鸟巢蕨瓶苗炼苗5d的效果最好，成活率达90%以上，且根系生长状况良好，而炼苗3d和7d其成活率均较低，平均只有58%左右。

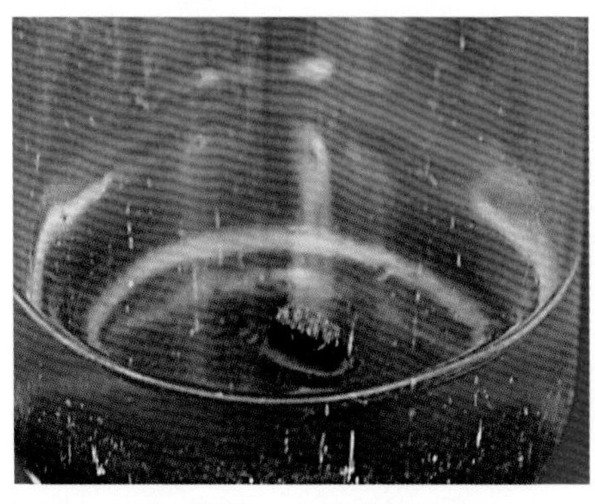

图5-9　嫩叶培养：鸟巢蕨诱导培养

图5-10　嫩叶培养：鸟巢蕨增殖培养

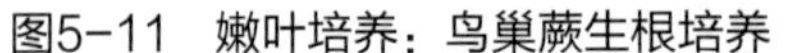

图5-11　嫩叶培养：鸟巢蕨生根培养

图5-12　鸟巢蕨组培苗炼苗

移栽：炼苗后的生长基本一致的健康小苗，苗高3～4cm，具3～4片叶即可开始移栽，在移栽前3d松动瓶盖，使瓶内苗逐步适应外界环境。采用穴盘移栽，在栽培环境一致的条件下，穴盘移栽的鸟巢蕨小苗在椰糠：泥炭=1：1的混合基质中成活率最高，均达到90%以上，其各项生长指标也均较高，可作为鸟巢蕨小苗移栽的基质。

图5-13　鸟巢蕨组培苗移栽

六、栽培技术

（一）栽培设施

鸟巢蕨喜温暖、潮湿和较强光线的半阴环境，耐旱但怕强光，一般无遮阴的环境下，鸟巢蕨叶片容易黄化，植株生长不佳，新芽亦较老化，品质不好，栽培期间高温加上强光容易造成叶片晒伤，高温加上通风不良则叶片除了变黄外，叶幅会缩小变尖或产生畸形叶。长年棚室内栽培，春夏秋三季可遮去50%以上的阳光，冬季遮去20%～30%。

图6-1　无遮阴状态下

图6-2　遮阴状态下

由于鸟巢蕨切叶产品对叶片的质量要求较高，要求叶片新鲜、完整，叶色浓绿，没有病斑、虫孔、灼伤和机械损伤等，因此，必须在栽培设施内生产鸟巢蕨切叶。在海南等热带地区，只需搭建荫棚即可。荫棚一般

图6-3　荫棚

长25～30m，宽16～20m，高250～300cm。棚架采用水泥柱加钢管构成。立柱的直径为10cm×12cm，材质水泥柱，高度350cm，打入或埋入土中50cm，地面高度300cm，横、竖向立柱间距为4m×5m。立柱上端使用8号铁线拉紧并固定，形成长方形网格状的铁丝网。遮阴度为75%的遮阳网盖在铁丝网上并在四周将其固定。

海南是台风多发地区，建棚时应考虑棚的抗风性能。台风多发地区，一般采用钢管作为支柱，在没有台风影响的地区，可采用水泥柱、石柱、木柱等作支柱，以降低投资成本。

鸟巢蕨生长的理想荫棚高度为3m左右，荫蔽度为91%和88%对鸟巢蕨的生长比较有利。光弱叶片薄而宽，鲜绿色；光过强，叶片发黄，生长受阻。

图6-4　钢架结构

图6-5　水泥柱结构

（二）栽培介质

盆栽鸟巢蕨的栽培介质要求质地疏松、透气性好、肥沃、弱酸性。盆栽基质可以是以腐叶土或泥炭土、椰糠、蛭石等为主，并掺入少量河沙；也可用蕨根、碎树皮、苔藓、椰糠或碎砖粒加少量腐殖土拌匀混合而成；还可用椰糠（或泥炭）与河沙（或珍珠岩）以2：1的比例混合，掺入少量基肥（如厩肥、复合肥等）配制而成。

图6-6 基质为碎树皮

基质配好后，要对其进行消毒处理，可用福尔马林熏蒸消毒，也可将广谱性杀菌剂与介质充分混合。要注意的是，用福尔马林（40%甲醛水溶液）处理的介质，充分拌匀后用薄膜密封，堆置5～7d后打开薄膜，翻动2～3次，再过7d以上，并适当翻动使药剂完全挥发后才能使用，操作时做好防护，以免中毒。使用不透气的塑料薄膜时，宜采用无透膜，或厚0.04mm以上的薄膜为宜，注意薄膜不得有破损；同时应将薄膜密封床土及封好四边，避免漏气。

常用的基质消毒药剂及使用方法见表6-1。

表6-1 基质消毒药剂及使用方法

项目	用药量	使用方法	作用
50%辛硫磷乳油	10～15mL/m^3，加水6～12L	喷洒基质并搅拌均匀后，用不透气的塑料薄膜覆盖2～3d后，翻拌基质，待无气味后即可使用	杀虫 杀线虫

（续）

项目	用药量	使用方法	作用
50%氰氨化钙（石灰氮）颗粒剂	300～600g/m^3，加水6～12L	将药液喷洒至基质含水量70%以上，搅拌均匀，随即覆盖不透气的塑料薄膜，熏蒸15～30d后揭膜，翻松基质充分透气10d以上，即可使用	杀菌 杀虫
80%代森锰锌可湿性粉剂	10～12g/m^3	将药剂与基质充分混合均匀即可使用	杀菌
福尔马林（40%甲醛水溶液）	配制成50倍（潮湿基质）或100倍（干燥基质）药液，10～20kg/m^3	喷洒基质并搅拌均匀后，用不透气的塑料薄膜覆盖7～10d后揭膜，翻拌基质，待无气味后即可使用	杀菌
	50mL/m^3，加水6～12L	喷洒基质并搅拌均匀后，用不透气的塑料薄膜覆盖3～5d后揭膜，翻拌基质，待无气味后即可使用	

注：基质消毒时，可选用一种具有杀菌、杀虫作用的药剂，或具有杀菌和杀虫作用各一种药剂配合使用。

有条件的场所，最好用多孔花盆或多孔塑料筐作容器，盆底垫入1/3的碎砖粒，上面可加入粗椰糠、蕨根、树皮块、苔藓、腐叶土等，然后再将鸟巢蕨的根部栽入其中，这样长势会更加旺盛。盆栽鸟巢蕨，可每2年换盆1次，将其从花盆中脱出，抖去宿土后，剪去部分残根和枯黄的叶片，剥离的子株另行栽种，老株更换栽培基质后换一个稍大一点的盆具栽好。另外，每年的春季可在盆内添加少许碎石灰，则有益于其旁生子株的生长发育。

此外，有机成分含量高的椰糠、木薯渣、腐熟树皮、蛇木屑、牛粪、猪粪等农畜废产品对鸟巢蕨的生长都有很好的效果。因鸟巢蕨喜较暖和潮湿的环境，有机类堆肥和介质刚好具有保水、潮湿、保温及生长期缓慢释出养分以促进其生长的功效。利用残存的盆栽废弃土壤等多种混合物，用以种植鸟巢蕨，不但生育良好，且无病虫害现象发生。因此，鸟巢蕨的栽培介质，可不必太过于讲究。可以利用低廉的农畜废弃物，以降低生产成本，以下列出几种可作为鸟巢蕨有机栽培介质，其种类、特性、来源如表6-2，可作为栽培时的参考。

表6-2　鸟巢蕨有机栽培介质简介

有机材料种类	材料特性	材料来源
椰糠	有机质保水性、透气性极佳，自然分解率缓慢	椰子副产物或废弃物
木薯渣	有机质含量丰富	木薯提取淀粉后副产物
腐熟树皮	有机质保水、排水及通气性均佳	造纸场废弃树皮
蛇木屑	排水及通气性佳	山采笔筒树利用，渐枯竭
猪、牛粪	富含有机质，堆积腐熟后利用	畜产废弃物
花生壳	排水及通气性均佳，富含有机质	花生油工厂废弃物
玉米穗轴	炭化后添加泥炭土，排水及通气性佳	农产废弃物
稻壳	发酵、半发酵或炭化，通气佳	农产废弃物
蔗渣	排水及通气性佳，多纤维富有机质	糖公司制糖副产品

图6-7　鸟巢蕨常见栽培基质

图6-7　鸟巢蕨常见栽培基质（续）

（三）栽培方式

鸟巢蕨切叶栽培时综合考虑总经济产量以及一级品切叶产量等指标得出鸟巢蕨适宜的栽培密度为800～1000株/亩*，而800株/亩为鸟巢蕨切叶生产的最佳栽培密度。此外，栽培的深度对鸟巢蕨小苗的恢复和生长影响很大，2/3的根系没入栽培基质中的鸟巢蕨恢复生长较快，各项生长指标及生理指标均优于全部根系没入栽培基质中的鸟巢蕨，并且其叶色翠绿、光泽度较好。因此，在鸟巢蕨栽培中选择2/3的根系没入栽培基质中。定植前，要在种植穴内施足基肥。定植后要浇透水，并喷药预防病虫害。

图6-8　鸟巢蕨2/3根系种入栽培基质

* 1亩≈667m^2。

图6-9　鸟巢蕨全部根系种入基质

1.盆栽

栽培鸟巢蕨不能用普通培养土，而是用蕨根、树皮块、苔藓和碎砖块作为盆栽基质，并选用盆壁及盆底多孔的花盆、多孔的塑料筐或者营养袋为容器。盆栽鸟巢蕨可选择的花盆种类很多，生产上多选用白色塑料盆，盆的规格依苗的大小而定，要能使盆和苗协调、匀称。此外，还要求盆底排水孔的位置不高出盆的底面，否则盆底会积水，不利于根系生长，长期积水会造成烂根。如选用排水孔高于盆底的花盆，应在种植前在花盆的底部先垫一些瓦块或陶粒等，使垫层高于排水孔。盆栽鸟巢蕨上盆前要对盆底的排水孔进行处理，通常要用拱形瓦块把排水孔部分悬空地遮住，以免栽培介质漏出，但切忌把排水孔堵死。有时瓦块过平，可用两块瓦片交错相叠，成为“人”字形，这样，水可从侧面排出。盆底部1/3左右填充颗粒比较大的碎砖块，上面再用蕨根、树皮块等将鸟巢蕨的根栽植在盆中。

栽培基质在使用前必须用水浸透，用干燥的基质栽植后很难浇透，影响恢复和生长。每盆（营养袋）种1株苗，先装半盆（袋）基质后放苗，扶正苗后继续填装至植株根状茎基部，填充栽培基质至盆口水线，并离盆口2～3cm，轻轻振动盆土，使植株根系与基质充分接触，以刚好覆盖原根团为佳，切勿使基质没过生长点。种植后，淋透定根水。初期采用盆靠盆并列摆放，根据后期生长情况，进行疏苗，摆放间距为40～50cm。

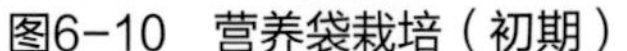

图6-10　营养袋栽培（初期）

图6-11　营养袋栽培（后期）

鸟巢蕨苗培育到一定株形和大小后，应从地里或育苗袋里移栽到花盆内，花盆规格视苗木大小而定。移栽时，要注意把苗种在盆的正中，深度适中，以刚好埋住须根系为宜，浇透水即可。鸟巢蕨属蕨类植物，孢子散落在基质或根状茎上并萌发，因此种植一段时间后，盆内就会显得十分拥挤，使根系无法展开、叶片过分密集，造成营养供应不足、通风透气不畅，导致植株长势下降和病虫害的滋生。盆栽鸟巢蕨上盆2～3年后就应该及时换盆。换盆时，先将整丛植株从盆中取出，去除附在根部1/3～1/2的介质，剪去缠绕过多的老根，适当修剪病叶、老叶或生长过密的叶片，然后用重新配制的介质，将其栽植到更大的花盆中。在海南，四季均可换盆，以春季最佳。

图6-12　不同生长阶段花盆选择

图6-13　塑料花盆栽培

2.种植床

是目前鸟巢蕨生产上普遍采用的种植方式，幼苗期一般多行种植，间距为25～30cm；成苗期一般单行种植。在事先起好并覆盖有地膜的龟背形畦面上铺一层厚度0.3mm的塑料布，种植床的四边可以用砖或有一定强度的木质材料、石棉瓦、高密度泡沫板、遮阳网等围边。种植床高度不低于30cm，宽一般为1.2～1.4m，过道0.8～1.0m，具体根据棚内立柱、大棚跨度来定。一般来说，种植床太窄，切花、除草等会增加操作难度，但太宽又会相对增加过道面积，造成栽培面积的浪费。

图6-14　石棉瓦围边种植床

图6-15　遮阳网围边种植床

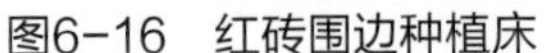

图6-16　红砖围边种植床

图6-17　灰砖围边种植床

3.种植槽

利用泡沫（聚丙乙烯）槽栽培是近几年发展起来的新栽培方式，U形槽是专业的切花栽培槽，在红掌切花上应用较为广泛，在鸟巢蕨切花栽培上也有一定优势。

U形槽长约1m，槽底设3个排水孔和槽边有15°的倾斜，以便多余的水能迅速汇入排水孔排出，防止因水太多而导致烂根。栽培槽与种植床相比可减少栽培介质的用量，管理中可更好地控制水肥，又因聚丙乙烯能绝缘，可起到在冬季保温的作用，可节约一定的加热能源，虽然制作成本较高，但由于减少了栽培介质的用量，在一定程度上也可以弥补这一缺陷。

图6-18　U形泡沫板种植槽

（四）水分管理

盆栽鸟巢蕨不仅要求盆土湿润，而且要求有较高的相对空气湿度。水分充足有利于鸟巢蕨的快速生长，芽嫩、品质佳；相反的，如果水分供应不足，则容易造成暂时性萎凋，生长停滞。

浇水应根据季节，干燥炎热的季节适当多浇，每日数次向周围环境及叶片喷水，但需注意盆内不可积水和过于潮湿。低温阴雨则控制浇水，但基质不可干透，气温过高时，还可向植株喷洒清水、加强喷雾等。

生长季节浇水要充分，特别是夏季，除栽培基质要经常浇透水外，还必须每天淋洗叶面2～3次，同时给周边地面洒水增湿，维持局部环境有较高的空气湿度，既可增加叶面的光泽，又对孢子叶的萌发十分有利；如果盆土缺水或空气比较干燥，易引起叶缘干枯卷曲。冬季气温较低时，以保持盆土湿润为好，可空中多喷水或喷雾，少浇水，以免在低温条件下因盆土中水分过多而造成植株烂根。

由于其叶片为革质，能阻止水分的蒸发，所以它也能耐短时间的干燥环境，也正因为如此，它比较适于作室内栽培陈列。鸟巢蕨在室内陈列期间，幼叶切忌触摸，并应经常给叶面喷水。

作为切叶栽培时，栽培地点以灌排水方便为优，灌排水的畦沟在太干旱的季节给予沟灌补充水分。此外，在每畦设立一组自动喷水喷雾设施，在旱季时一天可喷灌2～3次，冬天则一天1次即可，可有效保持土壤湿度，使植株生长更佳。

（五）施肥管理

鸟巢蕨基肥一般为有机肥、3%的过磷酸钙、0.1%尿素一起堆沤而成。施肥根据气候、土壤而定，春、夏多施，秋、冬少施。应特别注意磷的补充，因为缺磷不像缺氮表现得那样快，一旦出现症状，就很难恢复。尤其对幼苗而言，缺磷使根系受到抑制，容易患猝倒病。施肥时，苗期采用N：P：K=10：1：6的比例为佳，可配成液肥淋施，每株每次用量20～25g，每月施肥1～2次。也可将混合好的肥料或复合肥埋入距植株根状茎约50cm的洞穴中，每月1次即可。随着苗的长大，应增施磷、钾肥。入冬前应停施氮肥，并增施钾肥，以增强抗寒、抗冻能力。另外也可每年在其植株四周施用有机质或堆肥，以固定植株并增加产量。

表6-3 鸟巢蕨追肥参考量

次数	两次追肥间隔的时间	施肥量 kg/亩	种类
1	根长3～4cm时	12～15	尿素（薄施）
2	15d	25	复合肥+尿素
3	30～35d	30	复合肥+尿素
4	30～35d	40	复合肥+尿素
5	30～35d	45	复合肥+尿素

注：复合肥（N：P：K＝10：1：6），要根据基质与环境的实际情况对施肥量进行调整，做到基肥与土壤充分混合。

由于鸟巢蕨植株不断地被切去叶片，因此，对养分的消耗很大，应增加施肥次数，生长期每1～2周施1次液体肥。投产前应平衡施入氮、磷、钾肥，可适当增加氮肥的用量，投产后则以磷、钾肥为主，以提高切叶质量。夏季气温高于32℃，冬季棚室温度低于15℃，应停止一切形式的追肥。

经过大量的栽培试验研究发现，鸟巢蕨生长最佳的氮元素（N）浓度为840.65mg/L；最佳钾元素（K）浓度为118.57mg/L；最佳镁元素（Mg）浓度为36.48mg/L。适宜叶片数量和叶片长度增加的磷元素（P）浓度为38.69mg/L，适宜叶片宽度增加的磷元素浓度为12.90mg/L；适宜叶片数量增加的钙元素（Ca）浓度为118.93mg/L，适宜叶片长度增加的钙元素浓度为79.28mg/L，适宜叶片宽度增加的钙元素浓度为158.57mg/L。营养元素对叶片数量的影响依次为K＞Ca＞N＞Mg＞P，对叶片长度的影响为Ca＞Mg＞N＞K＞P，对叶片宽度的影响为Ca＞N＞K＞Mg＞P。在生产中，可根据鸟巢蕨生长现状对应调节5种营养浓度，以提高切叶产量。

（六）杂草防除

除草是鸟巢蕨日常管理的一部分，能避免杂草与鸟巢蕨植株争夺水分、养分等。一般要求结合中耕进行人工除草，每月至少1次。对于种植密度较小的大苗，可采用药剂防除，如用都尔、稳杀得等安全性较好的除草剂。鸟巢蕨和其他苗木生产的最大差异是不需要整形修剪，但也要定期剪除病叶，尤其是种植过密时，应去除下层老叶以利于通风。

七、病虫害防治

贯彻“综合防治、预防为主、防治结合”的病虫害防治原则，综合考虑影响鸟巢蕨主要病虫害发生的各种因素以及主要病虫害的发生危害规律，因地制宜，协调地应用农业防治、物理防治和化学防治等技术措施，将病虫害的危害控制在经济危害水平以下。

在我国，鸟巢蕨的病虫害较少，危害较轻，对其产量和品质无严重影响。但也有少数常见的病虫害。

（一）病害防治

1.炭疽病

（1）症状特点

病斑处有粉红色黏状物，主要危害嫩叶，常发生于叶缘和叶尖，严重时感染茎条。被害部位开始在叶缘或叶尖呈水渍状圆形、近圆形的暗褐色小斑，而后逐渐由几个病斑扩大成不规则的斑块，颜色变为焦黄，有的病斑呈云片状，边缘有浅红色晕圈，后期病斑中部变为灰白色，内有黑色凸起的小点，病斑逐渐发展变黑或灰绿色下陷，严重时可导致整株死亡。

（2）病原和发病规律

炭疽病系真菌病害，病菌属于黑盘孢目刺盘孢属，是一种弱寄生菌，病菌以菌丝体、分生孢子或子囊腔在病叶上过冬，当温度升到20℃、相对湿度超过75%时开始发病，病菌借雨水传播，在25℃、湿度为80%～90%时蔓延迅速。该病具潜伏侵染的特性，有时侵入后一直不发病，在环境条件适宜、植株衰弱时才显出症状。

图7-1　鸟巢蕨炭疽病发病叶片

炭疽病全年可发生，高发期为5～10月。

（3）防治方法

加强通风透气，控制水分供给。调节温室的温、湿度和通风条件，保持叶片干燥，杜绝病株引入，彻底清除附近的病残体。

当发现有叶片感染，应及时剪除感染的器官，并用75%百菌清500倍液、50%多菌灵800～1000倍液或70%甲基托布津1000倍液喷施。

以预防为主，为防止其他部位感染，在高温高湿季节应喷药预防。还可在发病前用多菌灵、甲基托布津、代森锰锌等喷施，10～15d喷施1次，连续3次，严重时，可用10%苯醚甲环唑水剂喷雾控制，可预防并控制该病的发生和传播。

2.褐斑病

（1）症状特点

下部叶片开始发病，逐渐向上部蔓延，一般发生在叶片的顶端，被害叶片初期为圆形或椭圆形，紫褐色，后扩大成圆形或近圆形，直径5～10mm，病斑边缘黑褐色，界线分明，中央灰黑色并有小黑点，此后病斑迅速扩大，严重时病斑可连成片，叶片最后变成黑色干枯死亡。

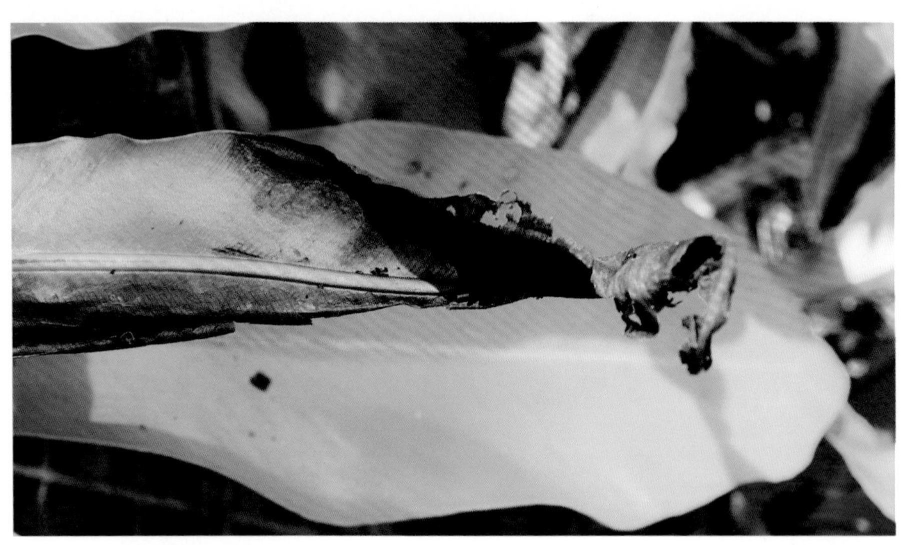

图7-2　鸟巢蕨褐斑病发病叶片

（2）病原和发病规律

褐斑病系真菌病害，主要是由立枯丝核菌引起的，主要传播途径是落叶，春夏秋季均有可能发生，高温多湿季节易流行，高发期为7～9月。

（3）防治方法

加强栽培管理，苗圃要适当荫蔽，合理施肥，适当增施钾肥；发现病株要立即隔离喷药，或剪除并集中焚烧，同时喷药保护。可用70%甲基托布津或含37%苯醚甲环唑1000倍液喷施，每周1次，连续3次。

3.煤污病

（1）症状特点

发病初期，叶片上面覆盖一层黑色粉状物，近似煤烟，严重时布满整个叶面，严重影响光合作用，使植株发育不良。

（2）病原和发病规律

煤污病又称煤烟病，系真菌病害。鸟巢蕨煤污病发生时，叶片被黑色霉菌的孢子和菌丝体覆盖，病菌以菌丝体、分生孢子、子囊孢子在病部及病落叶上越冬，翌年孢子由风雨、昆虫等传播。煤污病通常生长在介壳虫及其他刺吸式口器昆虫所分泌的蜜露上，高发期为3～5月。

（3）防治方法

煤污病的防治应以预防为主，如加强肥水管理，施有机肥，适量增施磷、钾肥，氮肥适量，及时浇水；在大棚或温室栽培时需要保持通风良好，雨后及时排水，及时防治粉虱、蚜虫、介壳虫等传染源；及时清除病枯叶残体，并作深埋处理；反复喷洒烟碱及肥皂，以防治介壳虫及其他刺吸式口器昆虫。

在发病时，应及时喷施50%多菌灵1000倍液防治或40%的大富丹可湿性粉剂500倍液防治，隔10～15d喷施1次，连续2～3次。

4.根腐病

（1）症状特点

根腐病发生时，新叶首先发黄，在中午前后光照强、蒸发量大时，植株上部叶片才出现萎蔫，但夜间又能恢复。病情严重时，萎蔫状况夜间也不能再恢复，整株叶片发黄、枯萎，最后全株死亡。

图7-3　鸟巢蕨根腐病发病叶片

（2）病原和发病规律

根腐病是一种真菌引起的病，由腐霉、镰刀菌、疫霉等多种病原侵染引起。病菌在土壤中或病残体上越冬，成为翌年主要初侵染源，病菌从根茎部或根部伤口侵入，通过雨水或灌溉水进行传播和蔓延。基质积水、根部受伤时发病严重，高发期为5～10月。

（3）防治方法

水分管理时应注意，避免过度浇水导致基质长时间积水，尤其在温度较高的季节更要避免基质长时间积水。发现病症后，可用退菌特1500～2000倍液或甲霜噁霉灵1500～3000倍液或多宁1500～2000倍液灌根，隔10～15d喷施1次，连续3次。

（二）虫害防治

1.线虫

（1）形态特征

线虫又称根瘤线虫或根结线虫，病原物为白色线状两头尖的软体虫子，不分节，左右对称。

（2）生活习性和危害症状

蕨类植物受线虫的侵害，可由带红褐色或带黑色、从中肋延伸到叶沿的带线辨认出来。把一小片褐色斑块放入水中，显微镜下观察，可清楚地看到小蠕虫在四处活动。感病植株地上部表现叶片发黄、产生褐色网状斑点，植株矮小、营养不良，发生萎蔫，并逐渐枯黄而死。感染线虫的根系往往形成结瘤或变得短粗，有的根过度生长，须根呈乱发丛状丛生。

线虫高发期为3～9月。

（3）防治方法

线虫侵入作物前预防：通过清除被害叶片，消除线虫的生长条件，来减轻其侵害。用10%克线丹或25%丙线磷等杀虫剂，施药后覆盖新鲜黄土，灌少量水，可显著压低根结线虫虫口密度；或用20%噻唑膦水乳剂兑水2000倍喷施、浇灌基质，或栽植鸟巢蕨之前用43℃的热水浸泡植株10～15min。

线虫侵入作物后治疗：用20%噻唑膦水乳剂兑水750～1000倍灌根。也可以用热水处理来防治鸟巢蕨的线虫侵害。

2.介壳虫

（1）形态特征

介壳虫的体壁表面或硬化被覆2层硬壳，或有粉状蜡质分泌物，或体被蜡质分泌物呈白色粉状、玻璃状或棕褐色壳状，雌虫无眼，无脚，亦无触角，一经羽化，终生寄居在植株上。雄虫则具发达的脚、触角及翅，能飞。

（2）生活习性和危害症状

介壳虫寄生于鸟巢蕨叶片边缘或叶背面，其幼虫期很短，行动缓慢，当移动到叶背时，即开始结壳，用刺吸式口器吮吸植物体内的汁液。介壳虫繁殖速度较快，虫量较多时会抑制植物的生长并引起植株枯萎，严重时整株植株会枯黄死亡，同时诱发煤污病。被害叶片出现斑点，畸形，生长不良，影响生长及观赏。雌成虫可连续生出幼介壳虫，幼虫两个月就可以长成成虫，初孵低龄若虫抗药性较差，此时是化学防治的关键时期。

介壳虫在海南地区全年发病。

（3）防治方法

没有特效药防治，一般以预防为主。应注意检查，保持环境通风。5月下旬为介壳虫孵化盛期，此时可用50%马拉硫磷、25%亚胺硫磷、80%敌敌畏乳剂1000倍液喷雾防治。马拉硫磷喷洒剂对爬行阶段的介壳虫极有效。虫害严重时，要将整片叶子剪掉并焚烧。

若虫防治：30%马·噻乳油（马拉硫磷+噻嗪酮）1000倍液，每10～15d喷施1次，连续3次；或21%嘧磷·噻乳油（嘧啶磷+噻嗪酮）1000倍液喷施，每10～15d喷施1次，连续3次；或1000～1500倍液或每100L水加40%杀扑·嘧磷·噻乳油66.7～100mL，喷施1次。

成虫防治：40%杀扑·嘧磷·噻乳油800倍液或每100L水加40%杀扑·嘧磷·噻乳油100～125mL，喷施1次。

3.蜗牛、蛞蝓

（1）形态特征

蜗牛属腹足纲肺螺亚纲蜗牛科。壳一般呈低圆锥形，右旋或左旋。头部显著，具有触角2对，大的1对顶端有眼。头的腹面有口，口内具有齿舌，可用以刮取食物。

蛞蝓又称鼻涕虫，属腹足纲蛞蝓科，形状似去壳的蜗牛。壳通常退化，外套膜被覆全背部。触角两对，第二对顶端生眼。肺孔开于体前右侧，身体能分泌黏液，爬行后留下银白色条痕。初夏在树皮下及石下产白色的卵。

（2）生活习性和危害症状

蜗牛、蛞蝓种类甚多，是危害蕨类植物的主要害虫之一，它常藏匿在盆钵的内壁、底部漏水孔处，或植株的基部及土壤表面的覆盖物下，喜欢在阴暗潮湿、疏松多腐殖质的环境中生活，若有落叶或有机质丰富地区更是喜好，部分栽培区位于杂木林、槟榔树下者，可见大量蜗牛、蛞蝓存在。性喜潮湿及夜间活动，不喜干燥而无荫蔽场所，白日藏匿在黑暗阴湿的处所，潜伏于杂草、围篱、枯枝、落叶的间隙，有耐饥、抗旱、抗寒的本能，昼伏夜出，最怕阳光直射，对环境反应敏感。

蜗牛、蛞蝓夜间出来活动，咬食蕨类植物的幼嫩枝叶，造成大小不一的破孔，破坏新叶生长，在叶片上留下孔洞或缺刻，严重影响鸟巢蕨盆栽品质和切叶产量，造成植株营养不良，生长受阻。与咀嚼式口器害虫取食痕迹略微不同，食痕周围略微整齐并且有时可看见取食留有上表皮或下表皮的透明膜。此外，蜗牛、蛞蝓在植物上爬行留下明显的黏液带常会引起其他病虫害发生。

蜗牛、蛞蝓在海南全年发生。

（3）防治方法

于清早或傍晚，使用1.6%四聚乙醛喷雾，或使用15%四聚乙醛粉剂5g/盆或硫酸铜1500～2000倍液、硫酸铁1500～2000倍液喷雾，每周1次，连续3次。也可以在17:00后，用1%～5%杀贝剂或1%～1.5%氨溶液地面喷药防治。也可采用人工捕捉。蛞蝓再生能力强，捕到的蛞蝓要丢到盐酸溶液中杀死。

八、切叶采收

（一）采收

当植株进入旺盛生长期，即拳卷叶不断生长，成熟叶片已达到商品要求时即可采收。鸟巢蕨鲜切叶最佳采切期为叶片完全展开且成熟，切叶叶色通体一致，叶尖外翻，叶背有明显的群线形孢子囊，无成熟孢子。

鸟巢蕨的鲜切叶取中肋褐色部分以上1cm左右采收，采收时以香蕉刀切割较手采为佳，采收后余留的下半部叶片需加以去除，以利新叶抽出。采收时，要注意合理剪叶，切忌将顶部所有展开的叶片剪光，每株至少要留2～3片展叶，以利于光合作用的正常进行。剪叶时应尽量剪长一些，一

图8-1　鸟巢蕨切叶采收

般在10:00前采收，这样叶片不会因为日晒而蒸发水分。

采收期间忌碰到雨水，因鸟巢蕨鲜切叶在叶片有水的情况下包装，长途运输，在闷热的情形下容易腐烂变质。

表8-1　鸟巢蕨切叶商品等级标准

等级	叶长（cm）	叶宽（cm）	叶色	皱褶	孢子粉
一级	>70	12～15	翠绿、光亮	均匀	无
二级	60～70	10～12	翠绿、光亮	均匀	无
三级	40～60	8～10	翠绿、光亮	均匀	无

注：以上各等级切叶均要求无损伤、无缺刻、无斑点、无病虫害。

图8-3中的叶形不宜做鸟巢蕨切叶的叶形。1号：叶片狭长，叶宽达不到级别要求；2号：叶片皱褶过多且不均匀，品相较差；3号：叶片形状不均匀，叶柄至叶片1/3处叶片宽度过窄，叶尖过长，缺乏美感；4号：叶宽可达到级别要求，但叶长达不到级别要求。

图8-2　不同等级鸟巢蕨鲜切叶

图8-3　不宜作为切叶的叶形

（二）保鲜

鸟巢蕨切叶在储藏过程中通常不使用保鲜液。若使用保鲜液可用八羟基喹啉柠檬酸200mg/L与硫代硫酸银100mmol/L的混合保鲜液保鲜，亦可置于硝酸银溶液25mg/L，Floris-sant 100（花圣100）等保鲜剂中保鲜。

（三）包装

叶片采收后，要及时进行分级包装。将相同长度的叶片放到一起；将同一级别的10片叶按相同方向叠放在一起，然后用橡皮筋将10片叶的叶基部扎紧，并用细绳对叶中部进行固定，待叶片风干后放入相应的包装箱，包装多用大纸箱，要按不同级别分类装箱，严格剔除畸形叶、损伤叶、腐烂及病虫害感染的叶片。包装时采取直立式装箱，装箱时紧靠排列，装箱后封口，注意包装箱要设置透气孔。

图8-4　包装：将同一级别的10片叶按相同方向叠放在一起

图8-5 包装：捆扎、固定

图8-6 包装：装箱

（四）储藏

鸟巢蕨切叶以干藏为主。可将所采收的成品在预冷后进行分级，排列整齐装入PE塑胶袋或纸箱后，立即将其置于相对湿度为90%～95%的环境中进行储藏，存放地点不需要光照，储藏温度为2℃～4℃，储藏时间可达7～14d。

（五）运输

运输方式依收货地点的远近而定，可采用汽运、船运、空运或火车运输。运输时，如遇到炎热的夏季，可在箱内放置冰块来降温，也可用空调车运输，如天气过冷，则要注意保温。冬季太冷时（5℃或以下），应把纸箱的通风口密封，以防冷空气进入冻伤切叶；夏季时就把通风口打开，让切叶通风，以免闷坏腐烂。

参考文献

陈金典. 鸟巢蕨组织培养育苗技术研究[J]. 福建农业科技, 2010(2): 44–46.

陈俊仁, 谢桑烟. 山苏花之栽培与利用[J]. 台南区农业改良场技术专刊, 2001(113): 1–10.

陈俊仁, 谢桑烟, 黄山内. 山苏花之品种、习性及繁殖[J]. 台南区农业专讯, 2000(34): 1–6.

胡一民. 俊秀飘逸的鸟巢蕨[N]. 中国花卉报, 2003–08–09(T00).

潘晓韵, 沈晓岚, 朱开元, 等. 鸟巢蕨的组培快繁技术[J]. 浙江农业科学, 2014(7): 1049–1050, 1053.

钱玉杰. 鸟巢蕨及其栽植与养护[J]. 现代园艺, 2015(19): 47–48.

汪长水. 鸟巢蕨组培瓶苗培育技术[J]. 亚热带植物科学, 2017, 46(2): 192–194.

吴思莹, 梁佑慎, 柯立祥. 贮藏温度与包装对台湾山苏花切叶品质之影响[J]. 台湾园艺, 2014, 60(3): 193–207.

徐诗涛. 海南热带山地沟谷雨林鸟巢蕨附生特性研究[D]. 海口: 海南大学, 2013.

徐诗涛, 陈秋波, 宋希强, 等. 新型食用蔬菜鸟巢蕨嫩叶营养成分检测[J]. 热带作物学报, 2012, 33(8): 1487–1493.

严岳鸿, 邢福武. 观赏蕨类植物在园林中的应用[J]. 园林, 2014(3): 12–15.

殷金岩, 刘晓娇, 王玲玲, 等. 4种杀菌剂组合对鸟巢蕨等花卉褐斑病的防治效果[J]. 安徽农业科学, 2013, 41(26): 10617–10619.

赵玉安, 蒋拴丽, 杨书才, 等. 鸟巢蕨繁育技术[J]. 现代农业科技, 2017(24): 127–128, 131.

AINUDDIN N A, NAJWA D A N. Growth and physiological response of *Asplenium nidus* to water stress[J]. Asian Journal of Plant Science, 2009, 8(6): 447–450.

BENJAMIN A, MANICKAM V S. Medicinal pteridophytes from the Western Ghats[J]. Indian Journal of Traditional Knowledge, 2007, 64: 611–618.

PRIMACK R B. Essentials of conservation biology[M]. 4th ed. Sinauer Associates, Sunderland MA, 2006.

附录1

鸟巢蕨切叶生产技术规程

Technical Regulations for Leaf-cutting Production of *Asplenium nidus*

前　言

本标准根据海南大信园林公司的生产实践经验，结合中国热带农业科学院热带作物品种资源研究所多年栽培试验研究、生产实践经验及产品实际特色，并参考热带切叶花卉相关标准和栽培资料修定。

本标准按GB/T 1.1—2000《标准化工作导则 第一部分：标准的结构和编写规定》编制。

本标准起草单位：中国热带农业科学院热带作物品种资源研究所。

本标准主要起草人：王存、杨光穗。

鸟巢蕨切叶生产技术规程

1　范围

本规程规定了鸟巢蕨大田生产的主要技术指标、园地规划与建设、种苗栽植、肥水管理、病虫害防治、成品采收等技术要求。

本规程适用于我国热带地区鸟巢蕨切叶生产者进行栽培与管理。

2　规范性引用文件

下列文件中的条款通过本标准的引用而成为本标准的条款。凡是注日期的引用文件，其随后所有的修改单（不包括勘误的内容）或修订版均不适用于本标准。然而，鼓励根据本标准达成协议的各方研究是否可使用这些文件的最新版本。凡是不注日期的引用文件，其最新版本适用于本标准。

GB 4285　农药安全使用标准

GB/T 8321（所有部分）农药合理使用准则

NY/T 496—2002　肥料合理使用准则

3　主要技术指标

3.1　环境条件：符合 GB/T 18407.2—2001的规定。

3.2　土壤条件：基础土层厚度40cm以上，有机质5%以上，排水良好；上层质地为壤土或砂壤土混以50%椰糠等无土基质，pH5.0～6.5。

3.3　温度条件：生长的适宜温度为25～30℃，最低气温≥12℃的地区。

3.4　灌溉与排水条件：具备灌溉条件和排水设施。

3.5　密度：800～1000株/亩。

4　园地规划与建设

4.1　平整土地：平地，整平、细碎松土，园地采用长方形或正方形。

4.2　起畦：畦宽100cm，畦高20～25cm，沟宽30～40cm。

4.3　遮阳设施：荫棚一般长30～25m，宽20～16m，高250～300cm。棚

架采用水泥柱加钢管构成。立柱的直径为10cm×12cm，材质水泥柱，高度350cm，打入或埋入土中50cm，地面高度300cm，横、竖向立柱间距为4m×5m。立柱上端使用8号铁线拉紧并固定，形成长方形网格状的铁丝网。遮阴度为75%的遮阳网盖在铁丝网上并在四周将其固定。

5 种苗栽植

5.1 整地、翻地晒田的时间一般为11月至翌年1月，2月进行整地，打碎土块，耙碎，耙平，并使用无土基质混合土壤与基肥起畦。

5.2 基肥，施肥的数量和种类见6.1.1，要根据基质与环境的实际情况对施肥量进行调整。做到基肥与土壤充分混合。

5.3 除草：对于草荒严重的地块，整地前一周，每亩用500mL 10%草甘膦，加30kg 水喷雾。

5.4 无土基质：要求质地疏松、透气性好、肥沃、弱酸性。以腐叶土或泥炭土、椰糠、蛭石等为主，并掺入少量河沙；也可用蕨根、碎树皮、苔藓、椰糠或碎砖粒加少量腐殖土拌匀混合而成；还可用椰糠（或泥炭）与河沙（或珍珠岩）以2∶1的比例混合，掺入少量基肥（如厩肥、复合肥等）配制而成。

5.4.1 基质消毒：用40%甲醛稀释50倍液均匀喷洒于基质上，充分拌匀后用薄膜密封，堆置5～7d 后打开薄膜，翻动2～3次，再放置5～7d 后即可使用。操作时做好防护，以免中毒。基质消毒药剂及使用方法见附录A。

5.5 种苗

5.5.1 应选择生长健壮的组培苗，其标准是根系发育良好，根量多，苗高8～10cm，冠幅10～15cm，叶片完整，植株健康，长势良好。

5.5.2 种苗运到种植地后，应尽快将其从包装箱中取出，用种苗筐盛装并放置在地上，切勿倒放。在取苗过程中应轻放，尽量保持原有根团完整、不松散。

5.6 栽植方法

5.6.1 盆栽

5.6.1.1 鸟巢蕨一般用营养杯（袋）种植，作为大田种植的过渡，等其长大到一定程度可作为盆栽观赏植物出售。

5.6.1.2　营养杯（袋）规格30cm×28cm，基质按椰糠：园土=1：1体积比配制，每袋种1株苗，先装半袋基质后放苗，扶正苗后继续填装至植株根状茎基部，并离盆口2～3cm，轻轻振动盆土，并压实。

5.6.1.3　摆放：根据宽窄行距80cm×100cm 将营养杯（袋）整齐的摆放在畦面上。

5.6.2　种植床

5.6.2.1　种植床高度不低于30cm，宽一般为1.2～1.4m，过道0.8～1.0m，具体根据棚内立柱、大棚跨度来定。

5.6.2.2　种植床的四边可以用砖或有一定强度的木质材料、石棉瓦、高密度泡沫板、遮阳网等围边。

5.6.2.3　幼苗期一般多行种植，间距为25～30cm；成苗期一般单行种植。

5.6.2.4　基质：见5.4。

5.6.3　种植槽

5.6.3.1　U形槽长约1m，槽底设3个排水孔和槽边有15°的倾斜。

5.6.3.2　基质：见5.4。

5.7　灌水

5.7.1　种苗栽植后尽快淋水或灌水，使土壤湿透，时间7d左右。空气干燥时，注意喷水以保持湿度。

5.7.2　灌水原则：生长期需充足水分，保持基质湿润透气；夏天雨季要及时排水，冬季要保持适当湿润。

5.8　栽植密度：见3.5

5.9　栽植时间：4～10月栽植为宜。

6　肥水管理

6.1　施肥

6.1.1　种类

基肥：有机肥3000（kg）+3%的过磷酸钙+0.1%尿素一起堆沤。

追肥：尿素、复合肥（N ：P ：K=10：1：6）。

6.1.2　方法：穴施与叶面施肥相结合。

6.1.2.1　基肥：见5.2。

6.1.2.2　追肥：追肥的次数、时期和肥料种类参见附录 B。

6.1.3　夏季气温高于32℃，冬季棚室温度低于15℃，应停止一切形式的追肥。

6.2　灌水：种苗后灌溉见5.7，大田生长期间保持充足的水分，土壤湿润。

7　病虫害防治

在我国，鸟巢蕨的病虫害较少，危害较轻，对其产量和品质无严重影响。但也有少数常见的病虫害。

7.1　炭疽病

7.1.1　危害症状：病斑处有粉红色黏状物，主要危害嫩叶，常发生于叶缘和叶尖，严重时感染茎条。被害部位开始在叶缘或叶尖呈水渍状圆形、近圆形的暗褐色小斑，而后逐渐由几个病斑扩大成不规则的斑块，颜色变为焦黄，有的病斑成云片状，边缘有浅红色晕圈，后期病斑中部变为灰白色，内有黑色凸起的小点，病斑逐渐发展变黑或灰绿色下陷，严重时可导致整株死亡。

7.1.2　防治方法

7.1.2.1　引种或购苗时要加强疫病检查，不引进带病植株。

7.1.2.2　加强通风，以预防为主，在高温高湿季节应喷药预防。调节温室的温、湿度和通风条件，保持叶片干燥，杜绝病株引入，彻底清除附近的病残体。

7.1.2.3　发病前用多菌灵、甲基托布津、代森锰锌等喷施，10～15d喷施1次，连续3次，严重时，可用10%苯醚甲环唑水剂喷雾控制，可预防并控制该病的发生和传播。

7.1.2.4　病害发生时，可用75%百菌清500倍液、50%多菌灵可湿性粉剂800～1000倍液或70%托布津可湿性粉剂800～1000倍液喷施。

7.2　褐斑病

7.2.1　危害症状：下部叶片开始发病，逐渐向上部蔓延，一般发生在叶片的顶端，受害叶片初期为圆形或椭圆形，紫褐色，后扩大成圆形或近圆形，直径为5～10mm，病斑边缘黑褐色，界线分明，中央灰黑色并有小黑点，此后病斑扩大迅速，严重时病斑可连成片，叶片最后变成黑色干枯死亡。

7.2.2　防治方法

7.2.2.1　加强栽培管理，苗圃要适当荫蔽，合理施肥，适当增施钾肥；

7.2.2.2　发现病株要立即隔离喷药，或剪除并集中焚烧，同时喷药保护。

7.2.2.3　可用70%甲基托布津或37%苯醚甲环唑1000倍液喷施，每周1次，连续3次。

7.3　煤污病

7.3.1　危害症状：叶片被黑色霉菌的孢子和菌丝体覆盖，通常生长在介壳虫及其他刺吸式昆虫所分泌的蜜露上，发病初期，叶片上面覆盖一层黑色粉状物，近似煤烟，严重时布满整个叶面严重影响光合作用，使植株发育不良。

7.3.2　防治方法

7.3.2.1　加强养护管理，如加强肥水管理，施有机肥，适量增施磷、钾肥，氮肥适量，及时浇水。

7.3.2.2　及时清除病枯叶残体，并作深埋处理；温室通风透光良好，降温降湿。

7.3.2.3　反复喷洒烟碱及肥皂，以防治介壳虫及其他刺吸式口器昆虫。

7.3.2.4　在发病时，应及时喷施50%多菌灵1000倍液防治或40%的大富丹可湿性粉剂500倍液防治，隔10～15d喷施1次，连续2～3次。

7.4　根腐病

7.4.1　危害症状：根腐病发生时，新叶首先发黄，在中午前后光照强、蒸发量大时，植株上部叶片才出现萎蔫，但夜间又能恢复。病情严重时，萎蔫状况夜间也不能再恢复，整株叶片发黄、枯萎，最后全株死亡。

7.4.2 防治方法

7.4.2.1 水分管理时应注意，避免过度浇水导致基质长时间积水，尤其在温度较高的季节更要避免基质长时间积水。

7.4.2.2 发现病症后，可用退菌特1500～2000倍液或甲霜噁霉灵1500～3000倍液或多宁1500～2000倍液灌根，隔10～15d喷施1次，连续3次。

7.5 线虫防治

7.5.1 危害症状：感病植株地上部表现叶片发黄、产生褐色网状斑点，植株矮小、营养不良，发生萎蔫，并逐渐枯黄而死。感染线虫的根系往往形成结瘤或变得短粗，有的根过度生长，须根呈乱发丛状丛生。

7.5.2 防治方法

7.5.2.1 清除受害叶片，消除其生长条件，有利于减轻线虫的侵害。

7.5.2.2 用10%克线丹或25%丙线磷等杀虫剂，施药后覆盖新鲜黄土，灌少量水，可显著压低根结线虫虫口密度。或用20%噻唑膦水乳剂兑水2000倍喷施、浇灌基质，或栽植鸟巢蕨之前用43℃的热水浸泡植株10～15min。

7.5.2.3 线虫侵入作物后治疗：用20%噻唑膦水乳剂兑水750～1000倍灌根。也可以用热水处理来防治鸟巢蕨的线虫侵害。

7.6 介壳虫防治

7.6.1 危害症状：寄生于鸟巢蕨叶片边缘或叶背面，其幼虫期很短，行动缓慢，当移动到叶背时，即开始结壳，用刺吸式口器吮吸植物体内的汁液。介壳虫繁殖速度较快，虫量较多时会抑制植物的生长并引起植株枯萎，严重时整株植株会枯黄死亡，同时诱发煤污病。被害叶片出现斑点，影响生长及观赏。雌成虫可连续生出幼介壳虫，幼虫2个月就可以长成成虫，初孵低龄若虫抗药性较差，此时是化学防治的关键时期。

7.6.2　防治方法

7.6.2.1　没有特效药防治，一般以预防为主。应注意检查，保持环境通风。

7.6.2.2　5月下旬为介壳虫孵化盛期，此时可用50%马拉硫磷、25%亚胺硫磷、80%敌敌畏乳剂1000倍液喷雾防治。马拉硫磷喷洒剂对爬行阶段的介壳虫极有效。虫害严重时，要将整片叶子剪掉并焚烧。

7.6.2.3　若虫防治：30%马·噻乳油（马拉硫磷+噻嗪酮）1000倍液，每10～15d喷施1次，连续3次；或21%嘧磷·噻乳油（嘧啶磷+噻嗪酮）1000倍液喷施，每10～15d喷施1次，连续3次；或1000～1500倍液或每100L水加40%杀扑·嘧磷·噻乳油66.7～100mL，喷施1次。

7.6.2.4　成虫防治：40%杀扑·嘧磷·噻乳油800倍液或每100L水加40%杀扑·嘧磷·噻乳油100～125mL，喷施1次。

7.7　蜗牛、蛞蝓防治

7.7.1　危害症状：蜗牛、蛞蝓夜间出来活动，咬食蕨类植物的幼嫩枝叶，造成大小不一的破孔，破坏新叶生长，在叶片上留下孔洞或缺刻，严重影响鸟巢蕨盆栽品质和切叶产量，造成植株营养不良，生长受阻。与咀嚼式口器害虫取食痕迹略微不同，食痕周围略微整齐并且有时可看见取食留有上表皮或下表皮之透明膜。蜗牛、蛞蝓在植物上爬行留下明显的黏液带常会引起其他病虫害发生。

7.7.2　防治方法

7.7.2.1　于清早或傍晚，使用1.6%四聚乙醛喷雾，或使用15%四聚乙醛粉剂5g/盆或硫酸铜1500～2000倍液、硫酸铁1500～2000倍液喷雾，每周1次，连续3次。也可以在17:00后，用1%～5%杀贝剂或1%～1.5%氨溶液地面喷药防治。

7.7.2.2　也可采用人工捕捉。蛞蝓再生能力强，捕到的蛞蝓要丢到盐酸溶液中杀死。

8　成品采收

8.1　采收标准：采收标准参见附录C。

8.2　采收时间：一年四季均可采收，雨天、雨后不采收，一般在10:00前采收。

8.3　采收方法：用酒精消毒过的剪刀、香蕉刀沿着鲜切叶取中肋褐色部分以上1～2cm 处剪断，采收后余留的下半部叶片需加以去除。采收时，切忌将顶部所有展开的叶片剪光，每株至少要留2～3片展叶。

附录A

（资料性附录）

基质消毒药剂及使用方法

项目	用药量	使用方法[a]	作用
50%辛硫磷乳油	10～15mL/m³，加水6～12L	喷洒基质并搅拌均匀后，用不透气的塑料薄膜覆盖2～3d后，翻拌基质，待无气味后即可使用	杀虫、杀线虫
50%氰氨化钙（石灰氮）颗粒剂	300～600g/m³，加水6～12L	将药液喷洒至基质含水量70%以上，搅拌均匀，随即覆盖不透气的塑料薄膜，熏蒸15～30d后揭膜，翻松基质充分透气10d以上，即可使用	杀菌、杀虫
80%代森锰锌可湿性粉剂	10～12g/m³	将药剂与基质充分混合均匀即可使用	杀菌
福尔马林（40%甲醛水溶液）	配制成50倍（潮湿基质）或100倍（干燥基质）药液，10～20kg/m³	喷洒基质并搅拌均匀后，用不透气的塑料薄膜覆盖7～10d后揭膜，翻拌基质，待无气味后即可使用	杀菌
	50mL/m³，加水6～12L	喷洒基质并搅拌均匀后，用不透气的塑料薄膜覆盖3～5d后揭膜，翻拌基质，待无气味后即可使用	

注：基质消毒时，可选用一种具有杀菌、杀虫作用的药剂，或具有杀菌和杀虫作用各一种药剂配合使用。

[a] 使用不透气的塑料薄膜时，宜采用无透膜，或厚0.04mm 以上的薄膜为宜，注意薄膜不得有破损；同时应将薄膜密封床土及封好四边，避免漏气。

附录B

（资料性附录）

鸟巢蕨追肥参考量

次数	两次追肥间隔的时间	施肥量（kg/亩）	种类
1	根长3～4cm时	12～15	尿素（薄施）
2	15d	25	复合肥+尿素
3	30～35d	30	复合肥+尿素
4	30～35d	40	复合肥+尿素
5	30～35d	45	复合肥+尿素

注：复合肥（N：P：K=10：1：6），要根据基质与环境的实际情况对施肥量进行调整，做到基肥与土壤充分混合。

附录C

（资料性附录）

鸟巢蕨鲜切叶质量等级标准

等级	叶长（cm）	叶宽（cm）	叶色	皱褶	孢子
一级品	＞70	12～15	翠绿、光亮	均匀	无
二级品	60～70	10～12	翠绿、光亮	均匀	无
三级品	40～60	8～10	翠绿、光亮	均匀	无

注：以上各等级切叶均要求无损伤、无缺刻、无斑点、无病虫害。

附录2

鸟巢蕨组培苗繁育规程

Propagation Regulations for Tissue Culture Seedlings of *Asplenium nidus*

前　言

本标准按照GB/T 1.1—2009《标准化工作导则 第1部分：标准的结构和编写》给出的规则起草。本标准由海南省林业厅提出并归口。

本标准起草单位：中国热带农业科学院热带作物品种资源研究所。

本标准主要起草人：冷青云、张东雪、杨光穗、王存、武华周、黄少华。

鸟巢蕨组培苗繁育规程

1 范围

本标准规定了鸟巢蕨组培苗繁育的术语和定义、组培苗生产车间、组培苗繁殖、组培苗育苗、种苗质量、档案管理。

本标准适用于花卉生产中鸟巢蕨组培苗繁育。

2 规范性引用文件

下列文件对于本文件的应用是必不可少的。凡是注日期的引用文件，仅所注日期的版本适用于本文件。凡是不注日期的引用文件，其最新版本（包括所有的修改单）适用于本文件。

GB 5084—2005 农田灌溉水质量标准

GB/T 29375—2012 马铃薯脱毒试管苗繁育技术规范

LY/T 1000—2013 容器育苗技术

NY/T 3024—2016 日光温室建设标准

3 术语和定义

下列术语和定义适用于本文件。

3.1 鸟巢蕨

鸟巢蕨（*Asplenium nidus*）又名巢蕨、王冠蕨、山苏花等，为水龙骨目铁角蕨科（Aspleniaceae）铁角蕨属（*Asplenium*）下的一个种，是一种附生的蕨类植物，属多年生阴生草本观叶植物。

3.2 组培苗

利用鸟巢蕨幼嫩叶片、叶柄等外植体通过无菌操作，在人工控制条件下培养一段时间后，培育出的种苗。

3.3 外植体

用于接种培养的各种离体的植物材料，包括胚胎材料，各种器官、组织、细胞及原生质体。

3.4　瓶苗

组培苗经生根培养后获得的具有5～8片叶片及一个完整生长点的种苗。

3.5　穴盘苗

以穴盘为容器培养的种苗。

3.6　整体感

植株外形的整体感观，包括植株的长势、茎叶色泽、健康状况、缺损状况等。

3.7　变异

在组织培养过程中，由于在离体培养的条件下，受植物生长调节剂、培养基渗透压、外植体细胞再生方式等影响，培养出的植株发生了遗传变异，其形态上也相应表现出有别于原品种植株的特征。

3.8　变异率

变异种苗株数占供检种苗的百分率。

4　组培苗生产车间

4.1　布局原则

组培苗生产车间布局应遵循方便整体消毒、减少污染的原则，周围无污染源。要具备更衣室、清洗室、配药室、灭菌室、无菌储存室、接种室、培养室等，各房间应相互隔离。整个生产车间应清洁，干燥，培养室可提供充足自然和人工光源以及适宜的温度。

4.2　布局平面示意图

布局平面可以参照GB/T 29375—2012中试管苗生产车间布局平面示意图进行布置。

4.3　设备、试剂

组培苗生产的组培设备参见附录A，试剂参见附录B。

4.4　卫生要求

4.4.1　接种室、培养室应保持卫生，定期消毒，每周至少用10%新洁尔灭溶液拖洗地板消毒一次，每一个月用2：1的40%甲醛和高锰酸钾熏蒸消毒一次，每立方米的空间用量为40% 甲醛10mL加入到装有5g高锰酸钾的容器内，密闭24h后通风。

4.4.2　每次使用超净工作台前，应提前30min开机，紫外灯照射灭菌20min，打开风机吹台面10min，超净工作台面及内壁用75%酒精棉擦拭消毒。

4.4.3　操作使用的所有工具，使用前应高温灭菌，操作过程使用的镊子、剪刀、解剖刀等工具，每次使用前接触植物材料的部分应该在酒精灯火焰上灼烧消毒或者插入高温灭菌器中高温灭菌，冷却至室温后使用，避免交叉污染。

4.4.4　工作人员应穿着消毒后的工作服，用肥皂洗净双手，操作过程中手和工作台要经常用75%的酒精清擦。

4.4.5　发现污染及时清除。

5　组培苗繁殖

5.1　母株选取与处理

5.1.1　母株选择

选择生长势强，具备原品种典型性状的健康植株作为母株，逐株编号。

5.1.2　母株处理

将选出的母株放置于干燥通风处，每周用0.1%多菌灵溶液浇灌或者75%酒精喷湿进行生长点表面消毒，待生长点处幼嫩叶片长至3～5cm时停止施用。

5.2　愈伤组织诱导培养

5.2.1　愈伤组织诱导培养基的制备

5.2.1.1　愈伤组织诱导培养基配方参见附录B。

将制备好的愈伤组织诱导培养基快速分装于培养瓶中，瓶盖封口。

5.2.1.3　将盛有培养基的容器整齐排放于灭菌锅内，0.1MPa，121℃高压灭菌25min。冷却后在无菌储存室内放置3～5d，无污染的培养基放到超净工作台备用。

5.2.2　外植体消毒

取从母株生长点处长出3～5cm的幼嫩叶片，剪去顶部卷曲未开展的部分，用自来水冲洗30min后移入接种室进行严格灭菌，先用75%酒精浸泡30s，再用0.1%的升汞溶液浸泡8～10min，用无菌水冲洗3～5次。

5.2.3　外植体接种

接种在超净工作台上操作，用解剖刀切除与消毒液接触的部分，将叶片1cm^{2}大小迅速接种于盛有诱导培养基的容器中，进行离体培养。用酒精灯烤干容器口并封口，在容器上注明编号、品种名、接种时间。

5.2.4　培养条件

诱导培养温度25℃±2℃，相对湿度70%，前15d黑暗培养，之后光照培养，光照强度在1500～2000lx的条件下培养，光照时数16h/d。

5.2.5　接种45～60d在叶柄、叶片切口处可见凸起颗粒状愈伤组织。

5.3　愈伤组织增殖培养

5.3.1　愈伤组织增殖培养基配方参见附录B。

5.3.2　将制备好的培养基快速分装于培养瓶中，每瓶加入1/5容器的培养基，瓶盖封口。置于灭菌锅内，0.1MPa，121℃高压灭菌25min。冷却后在无菌储存室内放置3～5d，无污染的培养基放到超净工作台备用。

5.3.3　将5.2.5中接种诱导获得的愈伤组织在超净工作台上切成1cm^{2}的小块接种至盛有增殖培养基的容器中，进行离体培养。用酒精灯烤干容器口并封口，在容器上注明编号、品种名、接种时间。

5.3.4　培养条件：培养温度25℃±2℃，相对湿度70%，光照强度1500～2000lx，光照时数16h/d。

5.3.5　每30d继代一次，最多继代15次。

愈伤组织在增殖与分化培养基中培养30d左右，凸起的颗粒状愈伤组织分化为带小叶片的丛生苗。

5.4　愈伤组织分化培养

5.4.1　愈伤组织分化培养基配方见附录 B。

5.4.2　培养基的配制及分装灭菌同5.3.2。

5.4.3　将5.3.5中接种获得的愈伤组织在超净工作台上用镊子分成1cm^{2}的小块，接种至盛有愈伤组织分化培养基的容器中，进行培养。用酒精灯烤干容器口并封口，在容器上注明编号、品种名、接种时间。

5.4.4 培养条件同5.3.4。

5.4.5 愈伤组织在分化培养基中培养30d左右，凸起的颗粒状愈伤组织分化为带小叶片的丛生苗。

5.5 生根培养

5.5.1 生根培养基配方见附录B。

5.5.2 培养基的配制及分装灭菌同5.3.2。

5.5.3 将5.4.5中接种获得的丛生苗在超净工作台用镊子分开，将具有3～4片叶片及一个完整生长点的小苗接种至盛有生根培养基的容器中，进行培养。用酒精灯烤干容器口并封口，在容器上注明编号、品种名、接种时间。

5.5.4 培养条件同5.3.4。

5.5.5 培养30d左右获得具有5～8片叶片及一个完整生长点的生根瓶苗。

6 组培苗育苗

6.1 温室要求

选择交通便利、地势平坦、水源充足、排水良好的平地建造温室，要求具有控温、控湿、防雨和防虫设施，通风好，良好的光照，具体建造标准按照NY/T 3024—2016要求进行。

6.2 消毒要求

温室及内部设施应定期消毒，可以硫黄熏蒸、50%多菌灵可湿性粉剂800倍液喷洒或0.1%高锰酸钾溶液喷洒。所用工具高温灭菌或0.5%高锰酸钾溶液浸泡。工作人员应穿洁净的工作服，用肥皂洗手。

6.3 穴盘及基质准备

采用塑料穴盘育苗，规格为105孔或者72孔。育苗基质采用1∶1的椰糠+草炭土混合基质。基质严格消毒，消毒药剂使用方法按照LY/T 1000—2013中的附录C执行。基质装填前含水量以10%～15%为宜。将穴盘孔洞填满压实后将穴盘整齐排放在苗床上。

6.4　炼苗移栽

6.4.1　组培苗炼苗

将5.5.5生根获得的生根瓶苗，移到温室自然光、温条件下，揭启封口炼苗，温室地表洒水湿润，温度控制在25℃±2℃，相对湿度70%，用75%遮阴网遮阴，炼苗时间7d左右。

6.4.2　移栽

将炼苗后的组培苗取出，洗净培养基，去掉老叶，晾干表面水分后，植入装有基质的穴盘中，1株/穴，移栽时使根系与基质充分接触，及时喷水。

6.5　苗期管理

6.5.1　遮阴。组培苗移栽后应覆盖75%遮阴网遮阴。

6.5.2　在自然光照射条件下，温度控制在25℃±2℃，通过定时喷雾处理，保持相对湿度在95%～100%。

6.5.3　缓苗后，幼苗长出新叶和新根，保持基质湿度60%～70%，根据苗情况适当通风。

6.5.4　定植30d后，每隔7～10d可用0.1%磷酸二氢钾溶液或0.1%复合肥（N：P：K=20：20：20）溶液交替喷施。

6.5.5　病虫草害防控。生产过程中应全程进行病虫草害防治。全程防雨，防虫，灌溉水符合GB 5084—1992。及时清除温室内外及基质中的杂草。缓苗后每周喷施一次杀菌剂和杀虫剂，应交替使用。

6.6　育苗周期

整个育苗周期90～120d。

7　种苗质量

7.1　种苗分为瓶苗和穴盘苗两种。合格种苗分Ⅰ、Ⅱ两个等级，以整体感指标、形态指标、测量指标、变异率指标确定。

7.2　整体感要求达不到规定的为不合格种苗，达到要求者以形态指标分级。

7.3　瓶苗质量等级应符合表1的规定。

表1 瓶苗质量等级

项目	等级		
	一级	二级	不合格苗
整体感	植株健壮，生长点完整，无畸变、药害及机械损伤	植株较健壮，生长点完整基本无畸变、药害及机械损伤	植株叶片无光泽，生长点缺失或有多个，叶片畸形
生长点（个）	1	1	0, 2
叶片数（片）	≥8	5～7	＜5
根系情况	丰满	较丰满	无根系
变异率（%）	≤3	≤5	＞5

7.4 驯化苗质量等级应符合表2的规定

表2 穴盘苗质量等级

项目	等级		
	一级	二级	不合格苗
整体感	植株健壮，生长点完整，根系新鲜、丰满，无畸变、药害及机械损伤	植株较健壮，生长点完整，根系较新鲜、较丰满，基本无畸变、药害及机械损伤	植株叶片无光泽，生长点缺失或有多个，叶片畸形
生长点（个）	1	1	0,2
叶片数（片）	≥12	5～11	＜5
根系情况	丰满	较丰满	单薄
变异率（%）	≤3	≤5	＞5

8 档案管理

8.1 档案建立

繁育基地应建立组培苗繁育技术档案、组培苗繁殖档案及育苗档案等，档案填写落实到人，按时填写，做到准确无误。

8.2　档案内容

组培苗繁育要记录品种名称、外植体类型、采集时间、处理方式、愈伤组织诱导培养基配方、愈伤组织诱导时间、愈伤组织增殖与分化培养基配方、丛生芽增殖培养基配方、继代次数、生根培养基配方、生根瓶苗质量等内容。

组培苗育苗要记录品种名称、炼苗时间、移栽基质配方、移栽时间、缓苗时间、生长状况、施肥、病虫草害防治情况及种苗质量等内容。

8.3　档案管理

繁育技术档案应确定专人负责管理。技术档案填写后，由业务领导和技术人员审核签字，保存2年。

附录A

（资料性附录）

组培设备、试剂

A.1　配制室

A.1.1　防酸碱台面的试验台。

A.1.2　冰箱。

A.1.3　药品柜。

A.1.5　器械柜。

A.1.6　分析天平、0.1g感量天平、电子天平。

A.1.7　酸度计。

A.1.8　去离子水机。

A.1.9　各种规格的容量瓶、细口瓶（包括棕色）、广口瓶、移液管、烧杯、量筒、玻璃棒、吸管、洗耳球、药勺等。

A.1.10　不锈钢锅。

A.1.11　电磁炉。

A.2　清洗室及灭菌室

A.2.1　清洗槽。

A.2.2　培养瓶控水架。

A.2.3　300℃烘箱。

A.2.4　高压灭菌锅。

A.2.5　封口膜、线绳、橡皮筋。

A.3　接种室

A.3.1　超净工作台。

A.3.2　空调。

A.3.3　培养基存放架。

A.3.4　紫外灯。

A.3.5　酒精灯。

A.3.6　镊子、剪刀、手术刀、解剖刀。

A.3.7　小型喷壶。

A.4　培养室

A.4.1　有日光灯光源的培养架。

A.4.2　紫外灯若干。

A.4.3　空调。

A.4.4　除湿机。

A.4.5　臭氧发生仪。

A.4.6　温湿度仪。

A.5　药品

A.5.1　甲醛。

A.5.2　氯化汞。

A.5.3　高锰酸钾。

A.5.4　漂白粉饱和溶液。

A.5.5　75% 酒精。

A.5.6　激动素、吲哚丁酸（IBA）、6-苄氨基腺嘌呤（6-BA）、萘乙酸（NAA）。

A.5.7　pH试纸。

A.5.8　卡拉胶。

A.5.9　蔗糖。

A.5.10　附录B中所有的试剂。

附录B

（资料性附录）
培养基配方

<table>
<tr><th rowspan="2">母液成分</th><th rowspan="2">化学试剂</th><th colspan="4">质量浓度</th></tr>
<tr><th>愈伤组织诱导</th><th>愈伤组织增殖</th><th>愈伤组织分化</th><th>生根培养</th></tr>
<tr><td rowspan="5">大量元素</td><td>硝酸钾（KNO_3）</td><td>1900mg/L</td><td>1900mg/L</td><td>1900mg/L</td><td>1900mg/L</td></tr>
<tr><td>硝酸铵（NH_4NO_3）</td><td>1650mg/L</td><td>1650mg/L</td><td>1650mg/L</td><td>1650mg/L</td></tr>
<tr><td>磷酸二氢钾（KH_2PO_4）</td><td>170mg/L</td><td>170mg/L</td><td>170mg/L</td><td>170mg/L</td></tr>
<tr><td>硫酸镁（$MgSO_4 \cdot 7H_2O$）</td><td>370mg/L</td><td>370mg/L</td><td>370mg/L</td><td>370mg/L</td></tr>
<tr><td>氯化钙（$CaCl_2 \cdot 2H_2O$）</td><td>440mg/L</td><td>440mg/L</td><td>440mg/L</td><td>440mg/L</td></tr>
<tr><td rowspan="7">微量元素</td><td>碘化钾（KI）</td><td>0.83mg/L</td><td>0.83mg/L</td><td>0.83mg/L</td><td>0.83mg/L</td></tr>
<tr><td>硼酸（H_3BO_3）</td><td>6.2mg/L</td><td>6.2mg/L</td><td>6.2mg/L</td><td>6.2mg/L</td></tr>
<tr><td>硫酸锰（$MnSO_4 \cdot 4H_2O$）</td><td>22.3mg/L</td><td>22.3mg/L</td><td>22.3mg/L</td><td>22.3mg/L</td></tr>
<tr><td>硫酸锌（$ZnSO_4 \cdot 7H_2O$）</td><td>8.6mg/L</td><td>8.6mg/L</td><td>8.6mg/L</td><td>8.6mg/L</td></tr>
<tr><td>钼酸钠（$Na_2MoO_4 \cdot 2H_2O$）</td><td>0.25mg/L</td><td>0.25mg/L</td><td>0.25mg/L</td><td>0.25mg/L</td></tr>
<tr><td>硫酸铜（$CuSO_4 \cdot 5H_2O$）</td><td>0.025mg/L</td><td>0.025mg/L</td><td>0.025mg/L</td><td>0.025mg/L</td></tr>
<tr><td>氯化钴（$CoCl_2 \cdot 6H_2O$）</td><td>0.025mg/L</td><td>0.025mg/L</td><td>0.025mg/L</td><td>0.025mg/L</td></tr>
<tr><td rowspan="2">铁盐</td><td>乙二胺四乙酸二钠（$Na_2 \cdot EDTA$）</td><td>37.25mg/L</td><td>37.25mg/L</td><td>37.25mg/L</td><td>37.25mg/L</td></tr>
<tr><td>硫酸亚铁（$FeSO_4 \cdot 7H_2O$）</td><td>27.85mg/L</td><td>27.85mg/L</td><td>27.85mg/L</td><td>27.85mg/L</td></tr>
<tr><td rowspan="5">有机成分</td><td>肌醇</td><td>100mg/L</td><td>100mg/L</td><td>100mg/L</td><td>100mg/L</td></tr>
<tr><td>甘氨酸</td><td>2.0mg/L</td><td>2.0mg/L</td><td>2.0mg/L</td><td>2.0mg/L</td></tr>
<tr><td>盐酸硫胺素（VB1）</td><td>0.1mg/L</td><td>0.1mg/L</td><td>0.1mg/L</td><td>0.1mg/L</td></tr>
<tr><td>盐酸吡哆醇（VB6）</td><td>0.5mg/L</td><td>0.5mg/L</td><td>0.5mg/L</td><td>0.5mg/L</td></tr>
<tr><td>烟酸（VB5）</td><td>0.5mg/L</td><td>0.5mg/L</td><td>0.5mg/L</td><td>0.5mg/L</td></tr>
<tr><td rowspan="2">激素</td><td>6–苄氨基腺嘌呤（6–BA）</td><td>1.0～2.0mg/L</td><td>0.5～1.0mg/L</td><td>0.5～1.0mg/L</td><td></td></tr>
<tr><td>萘乙酸（NAA）</td><td>0.5～1.0mg/L</td><td>0.1～0.5mg/L</td><td>0.1～0.5mg/L</td><td>0.1～0.2mg/L</td></tr>
<tr><td>糖</td><td>蔗糖</td><td>30g/L</td><td>30g/L</td><td>30g/L</td><td>20g/L</td></tr>
<tr><td rowspan="2">其他</td><td>活性炭</td><td></td><td></td><td></td><td>0.5g/L</td></tr>
<tr><td>卡拉胶</td><td>6.5g/L</td><td>6.5g/L</td><td>6.5g/L</td><td>6.5g/L</td></tr>
<tr><td colspan="6">注1：铁盐母液的配制：两种试剂分别称量并分别加热溶解，待两种试剂均溶解后混合，混合后的溶液继续加热使其充分整合，冷却后定量备用。</td></tr>
</table>

附录3

鸟巢蕨（盆栽）栽培技术规程

Technical Regulations for Potted Cultivation of *Asplenium nidus*

前 言

本标准按照GB/T 1.1—2009《标准化工作导则 第1部分：标准的结构和编写》给出的规则起草。

本标准起草单位：中国热带农业科学院热带作物品种资源研究所。

本标准主要起草人：王存、杨光穗、陈金花、谌振。

1 范围

本标准规定了鸟巢蕨（*Asplenium nidus*）盆栽的术语和定义和栽培相关要求，包括苗圃地选择与建设、种植方法、田间管理、病虫害防治、出圃以及生产档案管理等。

本标准适用于鸟巢蕨盆栽的简易设施（荫棚）栽培。

2 规范性引用文件

下列文件对于本文件的应用是必不可少的。凡是注日期的引用文件，仅所注日期的版本适用于本文件。凡是不注日期的引用文件，其最新版本（包括所有的修改单）适用于本文件。

GB/T 1.1—2009 标准化工作导则 第1部分：标准的结构和编写

GB/T 18247.3－2000 主要花卉产品等级 第3部分：盆栽观叶植物

GB/T 50085－2007 喷灌工程技术规范

GB 5084－2005 农田灌溉水质标准

GB 12475－2006 农药贮运、销售和使用的防毒规程

LY/T 1970－2011 绿化用有机基质

LY/T 1185－2013 苗圃建设规范

LY/T 2289－2014 林木种苗生产经营档案

LY/T 2648－2016 林用药剂安全使用准则

NY 525－2012 有机肥料

NY/T 1276－2007 农药安全使用规范 总则

NY/T 5010－2016 无公害农产品 种植业产地环境条件

DB 46T366—2016 鸟巢蕨（切叶）栽培技术规程

DB 32/T 2578—2013 鸟巢蕨设施栽培技术规程

3 术语和定义

DB46T 366—2016界定的以及下列术语和定义适用于本文件。

3.1 鸟巢蕨

鸟巢蕨（拉丁学名：*Asplenium nidus*），又名巢蕨、山苏花、王冠蕨，为铁角蕨科（Aspleniaceae）铁角蕨属（*Asplenium*）多年生阴生常绿草本

观叶植物。鸟巢蕨主要生物学特性见附录A。

3.2 成熟叶片

生长正常、叶色深绿、尖端外翻的叶片。

3.3 叶片长度

叶片基部至叶片尾端之间的直线距离。

3.4 叶片宽度

两边叶缘的最大宽度(垂直距离)。

3.5 冠幅

簇生叶片群南北或东西方向的最大直径。

3.6 轮叶

同时抽生的叶片为一轮叶。

3.7 株高

根状茎基部至叶片顶端的最大垂直距离。

3.8 小苗

具1～2轮成熟叶，冠幅8～15cm的苗。

3.9 中苗

具3～5轮成熟叶，冠幅16～50cm的苗。

3.10 大苗

具5轮以上成熟叶，冠幅大于50cm的苗。

3.11 地锚

用于增强遮阳网棚抗风能力，在遮阳网棚骨架四周与地面之间安设的金属缆绳结构。

4 苗圃地选择与建设

4.1 苗圃地

选交通方便，地势平缓，电源与水源充足，排水良好的平地，地下水位低于地面1.0m。其余要求参照NY/T 5010—2016和LY/T 1185—2013的有关规定执行。

4.2　整地

杀灭恶性杂草后清园，清除掉石块、植物残体等杂物，并对种植地进行充分平整，地面铺设双层黑色地布。

4.3　水源

要求水质清洁，无污染，符合GB 5084—2005农田灌溉水质量标准的要求。

4.4　道路

种植地道路分支路与小路，其中支路宽3～4m，并与外部公路相通；垂直于支路设置小路，宽1.2～1.5m；面积较小的种植地，可只设置下级小路；棚内设置0.6～0.8m宽的小路。

4.5　苗圃分区

将平整过的苗圃地划分为基质存放与配制区、小苗盆栽区、中苗盆栽区、大苗盆栽区等分区，方向宜与支路垂直。有条件的单位可将基质存放于配制区的地面适当硬化。

4.6　排灌设施

在苗圃周围、苗圃内以及荫棚内支路及小路两侧设置排水沟，形成完善排水网络。各级排水沟的深度、宽度和设置根据场地的地形、土质、雨量等因素确定，宜将排水沟硬化，以保证雨后排水通畅而又尽量节约土地为原则。

4.7　棚室设施

采用75%和50%的两层遮阳网和水泥柱或钢管搭建平顶荫棚，顶部及四周均覆盖双层遮阳网，其中75%遮阳网固定，50%遮阳网活动。棚高3.0～3.5m，棚顶架设倒挂式喷雾系统，水泥柱或钢管按6m × 8m或8m × 8m定桩，用4.8mm钢绞线网格状连接，四周设地锚。

4.8　喷灌系统

沿支路、小路方向布设供水系统，推荐大、中、小苗种植区均安装喷雾系统，喷雾系统的建设可参照GB/T 50485—2009的相关规定执行。

5 上盆种植

5.1 种苗选择

选用个体整齐、具1～2轮成熟叶、冠幅8～15cm、生长好，健壮，无病虫害，根系发育良好，无畸形、无损伤、无黄化的组培驯化苗。

5.2 栽培基质

5.2.1 基质选择

栽培基质宜选择椰糠、腐熟牛粪、锯末、泥炭土复配而成的混合基质为宜，一般配比为椰糠：牛粪：锯末＝1：1：1（体积比），有条件的可选择泥炭土：椰糠：牛粪＝1：4：2（体积比）作为盆栽基质。调整基质pH至5.5～6.5，土壤EC值不高于0.8m·S/cm。

5.2.2 基质消毒

用40%甲醛稀释50倍液均匀喷洒于基质上，充分拌匀后用薄膜密封，堆置5～7d后打开薄膜，翻动2～3次，再放置5～7d后即可使用。操作时做好防护，以免中毒。

5.3 小苗种植

5.3.1 起畦

耕翻整地后开始作畦，畦面略呈龟背形，畦宽100～120cm，畦高20～30cm，畦沟宽40～50cm。

5.3.2 盆器选择

选用上口径 × 盆高=90mm × 80mm，颜色较深、不透光的盆具。

5.3.3 种植时间

除12月至翌年2月外，全年均可种植。

5.3.4 种植方法

将种苗放于盆中央，填充栽培基质至盆口水线，稍压实，使植株根系与基质充分接触，以刚好覆盖原根团为佳，切勿使基质没过生长点。种植后，淋透定根水。

5.3.5 摆放密度

初期采用盆靠盆并列摆放，根据后期生长情况，进行疏苗，摆放间距为25～30cm。

5.3.6　遮阴度

4～11月遮光85%，遮盖75%和50%的遮阳网各一层；12月至翌年3月遮光75%，只遮盖75%的遮阳网一层。

5.4　中苗种植

5.4.1　起畦

参照5.3.1规定的起畦操作进行。

5.4.2　盆器选择

选用上口径×盆高=150mm×135mm，颜色较深、不透光的盆具。

5.4.3　种植时间

参照5.3.3规定的种植时间。

5.4.4　种植方法

参照5.3.4规定的操作进行。

5.4.5　种植密度

中苗的摆放应以植株间的叶片不相互交接为准，一般摆放间距为50～60cm。

5.4.6　遮阴度

6～10月遮光85%，遮盖75%和50%的遮阳网各一层；其余月份遮光75%，只遮盖75%的遮阳网一层。

5.5　大苗种植

5.5.1　起畦

参照5.3.1规定的起畦操作进行。

5.5.2　盆器选择

选用上口径×盆高=250mm×215mm，颜色较深、不透光的盆具。

5.5.3　种植时间

参照5.3.3规定的种植时间。

5.5.4　种植方法

参照5.5.4规定的操作进行。

5.5.5　摆放密度

大苗的摆放也以植株间的叶片不相互交接为准，一般放置间距为80～100cm。

5.5.6　遮阴度

参照5.4.6规定的遮光操作执行。

6　田间管理

6.1　水分管理

6.1.1　基质水分

一般基质表面发白就应浇水，正常环境条件下，2～3天浇水一次可保证其正常生长，浇水最好在11：00之前，忌正午浇水；6～9月需每天浇水1次；12月至翌年2月，温度低于10℃时，停止浇水，以免受冷害。

6.1.2　空气湿度

空气湿度应保持在80%以上，一般晴天每天喷雾增湿1次，6～9月需每天喷雾2次增加湿度。喷雾最佳时间：12月至翌年2月在9：00～16：00之间，6～9月要在10：00之前和16：00之后。温度低于10℃时，停止喷雾。

6.2　养分管理

6.2.1　小苗

定植半个月后开始施叶面肥，每周1～2次，以高氮水溶性肥（30-10-10）1500倍液灌根。使用的肥料应符合NY/T 496肥料合理使用准则的要求。

6.2.2　中苗

每7～10d施1次高氮水肥（30-10-10），浓度1000～1500倍。每7d喷施1次叶面肥，以平衡肥（20-10-20）1500倍液喷施。肥料应符合NY/T496 肥料合理使用准则的要求。

6.2.3　大苗

参照6.2.2规定的施肥操作进行。

6.3　光照管理

6.3.1　小苗

夏、秋季双层遮阴网并用，遮光85%，其余时间撤掉一层50%遮阴网，遮光75%。加网和撤网时，先从四周围网开始，围网加网或撤网完成后，再加或撤顶网。

6.3.2 中苗

夏季双层遮阴网并用，遮光85%，其余时间撤掉一层50%遮阴网，遮光75%。加网和撤网操作参照6.3.1的操作进行。

6.3.3 大苗

参照6.3.2规定的光照管理操作进行。

6.4 疏盆

当鸟巢蕨冠幅大，植株之间的叶片相互触碰或重叠时，必须调整花盆摆放密度，并检查和剪除严重损伤或有病虫害的叶片。

6.5 换盆

鸟巢蕨从小苗到大苗需要经历3次换盆，换盆时轻敲盆壁，尽量带整团基质避免伤根。换植株规格、盆器规格及花盆时间详见附录B。

6.6 除草

由于鸟巢蕨叶片遮光，盆内少有杂草，除日常检查除草外，可结合于换盆时集中除草。

7 病虫害防治

鸟巢蕨病虫害主要炭疽病、褐斑病、煤污病、根腐病、线虫、介壳虫、蜗牛、蛞蝓等。各病虫害的症状及防治方法见附录C。

7.1 防治原则

贯彻“综合防治、预防为主、防治结合”的病虫害防治原则，综合考虑影响鸟巢蕨主要病虫害发生的各种因素以及主要病虫害的发生危害规律，因地制宜，协调地应用农业防治、物理防治和化学防治等技术措施，将病虫害的为害控制在经济危害水平以下。按GB 12475和LY/T 2648的相关规定安全使用农药，禁止使用海南省明令禁止使用的农药品种。

7.2 农业防治

及时清除病叶、病苗、死苗，减少传染源，加强光照、水肥和温度的管理，增强通风等。

7.3 物理防治

使用防虫网、荧光灯或粘虫板等辅助设备防治害虫、减少病害。

7.4 化学防治

高温季节选择10：00前或16：00后施药，冷凉季节选择10：00～16：00之间施药。农药使用应符合GB 4285规定的使用标准。

8 出圃

8.1 质量要求

鸟巢蕨盆栽冠幅达到20 cm以上（中苗以上）即可出圃，要求植株冠幅丰满、叶色亮绿、叶片完整、无明显缺刻和病斑。

8.2 出圃前管理

出圃前3d浇水1次，之后停止浇水和喷雾直至出圃，基质含水量适中，叶片无明水，以免包装后伤叶。装车前用透明塑料包装袋套袋包装。

9 档案管理

建立生产档案，包括栽培地点、品种名称、品种特性、基质配方、移植日期、换盆日期、气候情况、日常栽培管理记录及病虫害防治记录等，参照LY/T 2289的相关规定执行。

附录A

（资料性附录）

鸟巢蕨主要生物学特性

A.1　产地及分布

原生于亚洲东南部、澳大利亚东部、印度尼西亚、印度和非洲东部等，在中国热带地区广泛分布。

A.2　形态特征

植株高100～120cm。根状茎直立，粗短，木质，粗约2cm，深棕色，先端密被鳞片；鳞片阔披针形，长约1cm，先端渐尖，全缘，薄膜质，深棕色，稍有光泽。叶簇生；柄长2～7cm，粗约7mm，禾秆色或暗棕色，木质，干后下面为半圆形隆起，上面有阔纵沟，表面平滑不皱缩，两侧有狭翅，基部被阔披针形深棕色鳞片，向上光滑；叶片阔披针形，长70～120cm，先端渐尖，中部最宽处为8～15cm，向下逐渐变狭长而下延，叶边全缘并有软骨质的狭边，干后略反卷。主脉两面均隆起，上面下部有阔纵沟，表面平滑不皱缩，暗棕色，光滑；小脉两面均稍隆起，斜展，分叉或单一，平行，相距约1mm。叶革质，干后棕绿色或浅棕色，两面均无毛。孢子囊群线形，长3～4cm，生于小脉的上侧，自小脉基部以上外行达离叶边不远处，彼此以宽的间隔分开，叶片下部通常不育；囊群盖线形，浅棕色或灰棕色，厚膜质，全缘，宿存。

A.3　生物学习性

鸟巢蕨常附生于雨林或季雨林内树干上或林下岩石上，喜高温湿润，不耐强光。人工栽培需营造温暖湿润的环境。鸟巢蕨，生长适宜温度为17～32℃，不能够长期承受10℃以下的低温，顺利越冬温度为5℃以上，气温不能长期超过35℃，光照强度不宜超过20000lx。

附录B

（资料性附录）

鸟巢蕨换盆相关信息

植株大小	植株规格	盆器规格	换盆时间
小苗	1～2轮成熟叶，冠幅8～15cm	上口径×盆高9cm×8cm	种植4～6个月后
中苗	3～5轮成熟叶，冠幅16～50cm	上口径×盆高15cm×13.5cm	小苗种植3～4个月后
大苗	5轮以上成熟叶，冠幅大于50cm	上口径×盆高25cm×21.5cm	—

附录C

（资料性附录）
鸟巢蕨病虫害防治相关信息

病虫害	名称	症状及高发期	防治方法
病害	炭疽病	常发生于叶缘和叶尖，严重时感染茎条。初期叶面上出现淡黄色、褐色或淡灰色病斑，内有黑色凸起的小点，病斑逐渐发展变黑或灰绿色下陷，严重时可导致整株死亡。 炭疽病高发期为5～10月	①加强通风透气，控制水分供给。 ②当发现有叶片感染，应及时剪除感染的器官，并用50%多菌灵800～1000倍液或70%甲基托布津1000倍液喷施。 ③为防止其他部位感染，还可在发病前用多菌灵、甲基托布津、代森锰锌等喷施，10～15d喷施1次，连续3次，严重时，可用10%苯醚甲环唑水剂喷雾控制，可预防并控制该病的发生和传播
	褐斑病	下部叶片开始发病，逐渐向上部蔓延，初期为圆形或椭圆形，紫褐色，后期为黑色，直径为5～10mm，界线分明，严重时病斑可连成片，使叶片枯黄脱落。 褐斑病高发期为7～9月	可用70%甲基托布津或含37%苯醚甲环唑1000倍液喷施，每周1次，连续3次
	煤污病	发病初期，叶片上面覆盖一层黑色粉状物，近似煤烟，严重时布满整个叶面，影响光合作用，使植株发育不良。 煤污病高发期为3～5月	①煤污病的防治应以预防为主，在大棚或温室栽培时需要保持通风良好，雨后及时排水，及时防治粉虱、蚜虫、介壳虫等传染源。 ②在发病时，应及时喷施50%多菌灵1000 倍液防治或40%的大富丹可湿性粉剂500倍液防治，隔10～15d 喷施1次，连续2～3次
	根腐病	发病时，新叶首先发黄，在中午前后光照强、蒸发量大时，植株上部叶片才出现萎蔫，但夜间又能恢复。病情严重时，萎蔫状况夜间也不能再恢复，整株叶片发黄、枯萎，最后全株死亡。 根腐病高发期为5～10 月	①水分管理时应注意，避免过度浇水导致基质长时间积水，尤其在温度较高的季节更要避免基质长时间积水。 ② 发现病症后，可用退菌特1500～2000倍液或甲霜噁霉灵1500～3000倍液或多宁1500～2000倍液灌根，隔10～15d喷施1次，连续3次

（续）

病虫害	名称	症状及高发期	防治方法
虫害	线虫	感病植株地上部表现叶片发黄、产生褐色网状斑点，植株矮小、营养不良，并逐渐枯黄而死。感染线虫的根系往往形成结瘤或变得短粗，有的根过度生长，须根呈乱发丛状丛生。 线虫高发期为3～9月	①线虫侵入作物前预防：通过清除受害叶片，消除线虫的生长条件，来减轻其侵害或用20%噻唑膦水乳剂兑水2000倍喷施、浇灌基质或栽植鸟巢蕨之前用43℃的热水浸泡植株10～15min。 ②线虫侵入作物后治疗：用20%噻唑膦水乳剂兑水750～1000倍灌根。也可以用热水处理来防治鸟巢蕨的线虫侵害
	介壳虫	其主要危害鸟巢蕨的叶片，并吸取其中的汁液，造成枝叶发黄、畸形，生长不良。同时其分泌物及排泄物易导致煤污病等病害的发生，严重时可导致鸟巢蕨植株死亡。 介壳虫在海南地区全年发病	①若虫防治：30%马・噻乳油（马拉硫磷+噻嗪酮）1000倍液，每10～15d喷施1次连续3次或21%嘧磷・噻乳油（嘧啶磷+噻嗪酮）1000倍液喷施，每10～15d喷施1次，连续3次或1000～1500倍液或每100L水加40%杀扑・嘧磷・噻乳油66.7～100mL，喷施1次。 ②成虫防治：40%杀扑・嘧磷・噻乳油800倍液或每100L水加40%杀扑・嘧磷・噻乳油100～125mL，喷施1次
	蜗牛、蛞蝓	蜗牛、蛞蝓取食鸟巢蕨嫩叶组织，破坏新叶生长，造成植株营养不良，生长受阻。蜗牛、蛞蝓啃食嫩叶，在叶片上留下孔洞或缺刻，严重影响鸟巢蕨盆栽品质和切叶产量，此外，蜗牛、蛞蝓在植物上爬行留下明显的黏液带常会引起其他病虫害发生。 蜗牛、蛞蝓在海南全年发生	于清早或傍晚，使用1.6%四聚乙醛喷雾，或使用15%四聚乙醛粉剂5g/盆或硫酸铜1500～2000倍液、硫酸铁1500～2000倍液喷雾，每周1次，连续3次。也可以在17：00后，用1%～5%杀贝剂或1%～1.5%氨溶液地面喷药防治

附录4

蕨类植物分类

<table>
<tr><th>门</th><th>亚门</th><th>纲</th><th>目</th><th>备注</th></tr>
<tr><td rowspan="11">蕨类植物门
Pteridophyta</td><td>松叶蕨亚门
Psilophytina</td><td>松叶蕨纲
Psilotopsida</td><td>松叶蕨目
Psilotales</td><td>见附表1</td></tr>
<tr><td rowspan="2">石松亚门
Lycophytina</td><td rowspan="2">石松纲
Lycopodiopsida</td><td>石松目
Lycopodiales</td><td rowspan="2">见附表2</td></tr>
<tr><td>卷柏目
Selaginellales</td></tr>
<tr><td>水韭亚门
Isoephytina</td><td>水韭纲
Isoetopsida</td><td>水韭目
Isoetales</td><td>见附表3</td></tr>
<tr><td>楔叶蕨亚门
Sphenophytina</td><td>木贼纲
Equisetopsida</td><td>木贼目
Equisetales</td><td>见附表4</td></tr>
<tr><td rowspan="6">真蕨亚门
Filicophytina</td><td rowspan="2">厚囊蕨纲
Eusporangiopsida</td><td>瓶尔小草目
Ophioglossales</td><td rowspan="2">见附表5</td></tr>
<tr><td>莲座蕨目
Marattiales</td></tr>
<tr><td>原始薄囊蕨纲
Protoleptosporangiopsida</td><td>紫萁目
Osmundales</td><td>见附表6</td></tr>
<tr><td rowspan="3">薄囊蕨纲
Leptosporangiopsida</td><td>水龙骨目（真蕨目）
Polypodiales（Filicales）</td><td rowspan="3">见附表7</td></tr>
<tr><td>蘋目
Marsileales</td></tr>
<tr><td>槐叶蘋目
Salviniales</td></tr>
</table>

附表1　松叶蕨亚门松叶蕨纲蕨类植物分类

目	科	属	中国分布种（部分）
松叶蕨目 Psilotales	松叶蕨科 Psilotaceae	松叶蕨属 *Psilotum*	松叶蕨
		梅溪蕨属 *Tmesipteris*	梅溪蕨

附表2　石松亚门石松纲蕨类植物分类

目	科	属	中国分布种（部分）
石松目 Lycopodiales	石杉科 Huperziaceae	石杉属 *Huperzia*	苍山石杉、华西石杉、峨眉石杉、锡金石杉、相马石杉、四川石杉、西藏石杉、中华石杉、康定石杉、昆明石杉、雷波石杉、拉觉石杉、雷山石杉、凉山石杉、墨脱石杉、东北石杉、赤水石杉
		马尾杉属 *Phlegmariurus*	聂拉木马尾杉、有柄马尾杉、马尾杉、上思马尾杉、台湾马尾杉、美丽马尾杉、柔软马尾杉、福氏马尾杉、云南马尾杉、闽浙马尾杉、广东马尾杉、喜马拉雅马尾杉、椭圆叶马尾杉、华南马尾杉
	石松科 Lycopodiaceae	石松属 *Lycopodium*	东北石松、石松
		扁枝石松属 *Diphasiastrum*	矮小扁枝石松、扁枝石松、高山扁枝石松、灰白扁枝石松、玉山扁枝石松
		垂穗石松属 *Palhinhaea*	垂穗石松、海南垂穗石松
		小石松属 *Lycopodiella*	小石松、卡罗利拟小石松
		拟小石松属 *Pseudolycopodiella*	拟小石松
		藤石松属 *Lycopodiastrum*	藤石松
卷柏目 Selaginellales	卷柏科 Selaginellaceae	卷柏属 *Selaginella*	甘肃卷柏、鹿角卷柏、四川卷柏、红枝卷柏、印度卷柏、陕西卷柏、伏地卷柏、海南卷柏、深绿卷柏、琼海卷柏、攀缘卷柏、泰国卷柏、中华卷柏、独龙江卷柏、横断山卷柏、西藏卷柏

附表3　水韭亚门水韭纲蕨类植物分类

目	科	属	中国分布种（部分）
水韭目 Isoetales	水韭科 Isoetaceae	水韭属 *Isoetes*	高寒水韭、东方水韭、中华水韭、台湾水韭、云贵水韭、香格里拉水韭

附表4　楔叶蕨亚门木贼纲蕨类植物分类

目	科	属	中国分布种（部分）
木贼目 Equisetales	木贼科 Equisetaceae	木贼属 Equisetum	蔺木贼、林问荆、披散问荆、斑纹木贼、阿拉斯加木贼、犬问荆、问荆、水问荆、木贼、笔管草、无瘤木贼、草问荆、节节草、斑纹木贼（原亚种）、木贼、节节草（原亚种）

附表5　真蕨亚门厚囊蕨纲蕨类植物分类

目	科	属	中国分布种（部分）
瓶尔小草目 Ophioglossales	瓶尔小草科 Ophioglossaceae	带状瓶尔小草属 *Ophioderma*	带状瓶尔小草
		瓶尔小草属 *Ophioglossum*	永仁瓶尔小草、裸茎瓶尔小草、带状瓶尔小草、钝头瓶尔小草、心叶瓶尔小草、矩圆叶瓶尔小草、狭叶瓶尔小草、瓶尔小草、高山瓶尔小草
	七指蕨科 Helminthostachyaceae	七指蕨属 *Helminthostachys*	七指蕨
	阴地蕨科 Botrychiaceae	小阴地蕨属 *Botrychium*	北方小阴地蕨、小阴地蕨、长白山小阴地蕨
		阴地蕨属 *Sceptridium*	薄叶阴地蕨、粗壮阴地蕨、华东阴地蕨、劲直阴地蕨、日本阴地蕨、绒毛阴地蕨、台湾阴地蕨、阴地蕨
莲座蕨目 Marattiales	合囊蕨科 Marattiaceae	合囊蕨属 *Marattia*	合囊蕨
	观音座莲科 Angiopteridaceae	观音座莲属 *Angiopteris*	尖齿观音座莲、长尾观音座莲、海南观音座莲、河口观音座莲、琼越观音座莲、密脉观音座莲、滇越观音座莲、食用观音座莲、观音座莲、福建观音座莲、海金沙叶观音座莲、云南观音座莲
		原始观音座莲属 *Archangiopteris*	二回原始观音座莲、尾叶原始观音座莲、尾叶原始观音座莲、河口原始观音座莲、阔叶原始观音座莲、台湾原始观音座莲、斜基原始观音座莲、圆基原始观音座莲、尖叶原始观音座莲
	天星蕨科 Christenseniaceae	天星蕨属 *Christensenia*	天星蕨

附表6 真蕨亚门原始薄囊蕨纲蕨类植物分类

目	科	属	中国分布种（部分）
紫萁目 Osmundales	紫萁科 Osmundaceae	紫萁属 *Osmunda*	狭叶紫萁、粗齿紫萁、绒紫萁、粤紫萁、华南紫萁、紫萁、宽叶紫萁

附表7 真蕨亚门薄囊蕨纲蕨类植物分类

目	科	属	中国分布种（部分）
水龙骨目 Polypodiales （真蕨目） （Filicales）	瘤足蕨科 Plagiogyriaceae	瘤足蕨属 *Plagiogyria*	瘤足蕨、镰羽瘤足蕨、峨眉瘤足蕨、粉背瘤足蕨、华中瘤足蕨、耳形瘤足蕨、华东瘤足蕨、密叶瘤足蕨
	里白科 Gleicheniaceae	芒萁属 *Dicranopteris*	大羽芒萁、台湾芒萁、大芒萁、乔芒萁、铁芒萁、芒萁
		里白属 *Diplopterygium*	参差里白、阔片里白、粤里白、光里白、绿里白、厚毛里白、中华里白、大里白、里白
		假芒萁属 *Sticherus*	假芒萁
	莎草蕨科 Schiaceaez	莎草蕨属 *Schizaea*	莎草蕨、分枝莎草蕨、丽莎蕨、小莎蕨、篦齿枝莎蕨
	海金沙科 Lygodiaceae	海金沙属 *Lygodium*	云南海金沙、羽裂海金沙、柳叶海金沙、曲轴海金沙、海金沙、网脉海金沙、掌叶海金沙、海南海金沙、小叶海金沙、耳叶海金沙
	膜蕨科 Hymenophyllaceae	膜蕨属 *Hymenophyllum*	华东膜蕨、星毛膜蕨、宽片膜蕨、台湾膜蕨
		厚壁蕨属 *Meringium*	厚壁蕨、皱翅厚壁蕨、爪哇厚壁蕨、南洋厚壁蕨
		蕗蕨属 *Mecodium*	顶果蕗蕨、蕗蕨、皱叶蕗蕨、波纹蕗蕨、毛蕗蕨、海南蕗蕨、鳞蕗蕨、丽江蕗蕨、线叶蕗蕨、罗浮蕗蕨、长叶蕗蕨、庐山蕗蕨、小果蕗蕨、长柄蕗蕨、卵圆蕗蕨、扁苞蕗蕨、四川蕗蕨
		毛叶蕨属 *Pleuromanes*	毛叶蕨
		团扇蕨属 *Gonocormus*	海南团扇蕨、广东团扇蕨、团扇蕨、细口团扇蕨、节节团扇蕨
		假脉蕨属 *Crepidomanes*	球杆毛蕨、翅柄假脉蕨、斐济假脉蕨、南洋假脉蕨、柯氏假脉蕨、纤小单叶假脉蕨、宽叶假脉蕨、阔边假脉蕨、石生假脉蕨、西藏假脉蕨、深圳假脉蕨

（续）

目	科	属	中国分布种（部分）
水龙骨目 Polypodiales（真蕨目）（Filicales）	膜蕨科 Hymenophyllaceae	厚边蕨属 *Crepidopteris*	厚边蕨
		单叶假脉蕨属 *Microgonium*	叉脉单叶假脉蕨、短柄单叶假脉蕨、盾形单叶假脉蕨
		毛杆蕨属 *Callistopteris*	毛秆蕨
		厚叶蕨属 *Cephalomanes*	爪哇厚叶蕨
		球杆毛蕨属 *Nesopteris*	大球杆毛蕨、球杆毛蕨
		瓶蕨属 *Trichomans*	瓶蕨、城口瓶蕨、管苞瓶蕨、墨兰瓶蕨、罗浮山瓶蕨、大叶瓶蕨、南海瓶蕨
		长筒蕨属 *Selenodesmium*	广西长筒蕨、线片长筒蕨、线片长筒蕨
		长片蕨属 *Abrodictyum*	窗格长片蕨、长片蕨
	蚌壳蕨科 Dicksoniaceae	金毛狗属 *Cibotium*	菲律宾金毛狗、金毛狗
	桫椤科 Cyatheaceae	桫椤属 *Alsophila*	桫椤、毛叶桫椤、滇南桫椤、喀西桫椤、阴生桫椤、中华桫椤、粗齿桫椤、兰屿桫椤、大叶黑桫椤、南洋桫椤
		白桫椤属 *Sphaeropteris*	白桫椤、笔筒树
		黑桫椤属 *Gymnosphaera*	毛叶黑桫椤、滇南黑桫椤、喀西黑桫椤、粗齿黑桫椤、结脉黑桫椤、平鳞黑桫椤、岩生黑桫椤、黑桫椤、小黑桫椤
	稀子蕨科 Monachosoraceae	稀子蕨属 *Monachosorum*	尾叶稀子蕨、稀子蕨
		岩穴蕨属 *Ptilopteris*	岩穴蕨
	碗蕨科 Dennstaedtiaceae	碗蕨属 *Dennstaedtia*	溪洞碗蕨、乌柄碗蕨、碗蕨、光叶碗蕨、刺柄碗蕨、司氏碗蕨、烟斗蕨、峨山碗蕨、细毛碗蕨
		鳞盖蕨属 *Microlepia*	羽叶鳞盖蕨、岭南鳞盖蕨、膜质鳞盖蕨、皖南鳞盖蕨、华南鳞盖蕨、粗毛鳞盖蕨、亚粗毛鳞盖蕨、针毛鳞盖蕨、西南鳞盖蕨、渐狭鳞盖蕨、福建鳞盖蕨、滇西鳞盖蕨、膜叶鳞盖蕨、浓毛鳞盖蕨

（续）

目	科	属	中国分布种（部分）
水龙骨目 Polypodiales（真蕨目）（Filicales）	鳞始蕨科 Lindsaeaceae	陵齿蕨属 *Lindsaea*	向日陵齿蕨、异叶双唇蕨、亮叶陵齿蕨、攀缘陵齿蕨、钱氏陵齿蕨、华南陵齿蕨、陵齿蕨、线片陵齿蕨、双唇蕨、钝齿陵齿蕨、团叶陵齿蕨、碎叶陵齿蕨、蔓生陵齿蕨、细叶陵齿蕨
		乌蕨属 *Stenoloma*	阔片乌蕨、乌蕨
		达边蕨属 *Tapeinidium*	达边蕨、二羽达边蕨
	竹叶蕨科 Taenitidaceae	竹叶蕨属 *Taenitis*	竹叶蕨
	姬蕨科 Hypolepidaceae	姬蕨属 *Hypolepis*	台湾姬蕨、光姬蕨、灰姬蕨、无腺姬蕨、姬蕨、密毛姬蕨、狭叶姬蕨、细叶姬蕨、腺毛姬蕨
	蕨科 Pteridiaceae	曲轴蕨属 *Paesia*	台湾曲轴蕨
		蕨属 *Pteridium*	蕨、食蕨、镰羽蕨、长羽蕨、毛轴蕨、糙轴蕨、云南蕨、欧洲蕨
	凤尾蕨科 Pteridaceae	凤尾蕨属 *Pteris*	华南凤尾蕨、白沙凤尾蕨、栗轴凤尾蕨、昌江凤尾蕨、海南凤尾蕨、条纹凤尾蕨、珠叶凤尾蕨、广东凤尾蕨、中华凤尾蕨、西南凤尾蕨、云南凤尾蕨、岭南凤尾蕨、硕大凤尾蕨、勐腊凤尾蕨
		栗蕨属 *Histiopteris*	栗蕨
	卤蕨科 Acrostichaceae	卤蕨属 *Acrostichum*	尖叶卤蕨、卤蕨
	光叶藤蕨科 Stenochlaenaceae	光叶藤蕨属 *Stenochlaena*	光叶藤蕨
	中国蕨科 Sinopteridaceae	中国蕨属 *Sinopteris*	中国蕨、小叶中国蕨
		粉背蕨属 *Aleuritopteris*	白边粉背蕨、粉背蕨、银粉背蕨、丽江粉背蕨、金粉背蕨、裸叶粉背蕨、黑柄粉背蕨、台湾粉背蕨、贡山粉背蕨、陕西粉背蕨、棕毛粉背蕨、美丽粉背蕨、毛叶粉背蕨、蒙山粉背蕨
		碎米蕨属 *Cheilosoria*	禾秆旱蕨、毛旱蕨、云南旱蕨、滇西旱蕨、凤尾旱蕨、毛轴碎米蕨、平羽碎米蕨、西南旱蕨、薄叶碎米蕨、厚叶碎米蕨、旱蕨、碎米蕨、疏羽碎米蕨、脆叶碎米蕨、大理碎米蕨

（续）

目	科	属	中国分布种（部分）
水龙骨目 Polypodiales（真蕨目）（Filicales）	中国蕨科 Sinopteridaceae	隐囊蕨属 *Notholaena*	中华隐囊蕨、隐囊蕨
		旱蕨属 *Pellaea*	三角羽旱蕨、四川旱蕨、镰羽旱蕨、圆叶旱蕨、大叶绿旱蕨、峭壁蕨、翡翠鸟蕨
		黑心蕨属 *Doryopteris*	黑心蕨
		珠蕨属 *Cryptogramma*	高山珠蕨、珠蕨、稀叶珠蕨
		金粉蕨属 *Onychium*	狭叶金粉蕨、黑足金粉蕨、金粉蕨、蚀盖金粉蕨、西藏金粉蕨、栗柄金粉蕨、穆坪金粉蕨、湖北金粉蕨、繁羽金粉蕨
	铁线蕨科 Adiantaceae	铁线蕨属 *Adiantum*	铁线蕨、鞭叶铁线蕨、长盖铁线蕨、扇叶铁线蕨、深山铁线蕨、白垩铁线蕨、毛叶铁线蕨、圆柄铁线蕨、梅山铁线蕨、孟连铁线蕨、单盖铁线蕨、昌化铁线蕨、西藏铁线蕨、细叶铁线蕨
	水蕨科 Parkeriaceae	水蕨属 *Ceratopteris*	粗梗水蕨、水蕨、芽胞水蕨、亚太水蕨、邢氏水蕨
	裸子蕨科 Hemionitidaceae	泽泻蕨属 *Hemionitis*	泽泻蕨
		金毛裸蕨属 *Gymnopteris*	川西金毛裸蕨、耳羽金毛裸蕨
		粉叶蕨属 *Pityrogramma*	粉叶蕨
		凤丫蕨属 *Coniogramme*	尖齿凤丫蕨、井冈山凤丫蕨、海南凤丫蕨、疏网凤丫蕨、骨齿凤丫蕨、黑轴凤丫蕨、上毛凤丫蕨、美丽凤丫蕨、紫柄凤丫蕨、黄轴凤丫蕨、棕轴凤丫蕨、乳头凤丫蕨、紫秆凤丫蕨、澜沧凤丫蕨
		翠蕨属 *Anogramma*	翠蕨
	车前蕨科 Antrophyaceae	车前蕨属 *Antrophyum*	美叶车前蕨、栗色车前蕨、台湾车前蕨、车前蕨、长柄车前蕨、小车前蕨、无柄车前蕨、书带车前蕨、革叶车前蕨
	书带蕨科 Vittariaceae	书带蕨属 *Vittaria*	唇边书带蕨、剑叶书带蕨、姬书带蕨、带状书带蕨、书带蕨、平肋书带蕨、海南书带蕨、曲鳞书带蕨、锡金书带蕨、异叶书带蕨、喜马拉雅书带蕨、线叶书带蕨、中囊书带蕨、广叶书带蕨

（续）

目	科	属	中国分布种（部分）
	书带蕨科 Vittariaceae	一条线蕨属 *Monogramma*	连孢一条线蕨
		针叶蕨属 *Vaginularia*	连孢针叶蕨、针叶蕨
水龙骨目 Polypodiales（真蕨目）（Filicales）	蹄盖蕨科 Athyriaceae	蹄盖蕨属 *Athyrium*	林光蹄盖蕨、秦氏蹄盖蕨、中越蹄盖蕨、喜马拉雅蹄盖蕨、狭叶蹄盖蕨、大盖蹄盖蕨、腺毛蹄盖蕨、广南蹄盖蕨、紫柄蹄盖蕨、聂拉木蹄盖蕨、长江蹄盖蕨、密腺蹄盖蕨、华中蹄盖蕨
		假蹄盖蕨属 *Athyriopsis*	假蹄盖蕨、峨眉假蹄盖蕨、阔羽假蹄盖蕨、毛轴假蹄盖蕨、阔基假蹄盖蕨、二型叶假蹄盖蕨
		蛾眉蕨属 *Lunathyrium*	棒孢蛾眉蕨、毛轴蛾眉蕨、凉山蛾眉蕨、大耳蛾眉蕨、陕西蛾眉蕨、九龙蛾眉蕨、峨山蛾眉蕨、大蛾眉蕨、昆明蛾眉蕨、华中蛾眉蕨、河北蛾眉蕨、四川蛾眉蕨、东北蛾眉蕨、湖北蛾眉蕨
		介蕨属 *Dryoathyrium*	中华介蕨、翅轴介蕨、华中介蕨、直立介蕨、镰小羽介蕨、峨眉介蕨、鄂西介蕨、南洋介蕨、无齿介蕨、陕甘介蕨、介蕨、朝鲜介蕨、刺毛介蕨、川东介蕨、绿叶介蕨
		毛轴线盖蕨属 *Monomelangium*	大围山毛轴线盖蕨、毛轴线盖蕨、鼎湖山毛轴线盖蕨
		冷蕨属 *Cystopteris*	卷叶冷蕨、高山冷蕨、宝兴冷蕨、膜叶冷蕨、欧洲冷蕨、藏冷蕨、皱孢冷蕨、冷蕨、光叶蕨、德钦冷蕨、贵州冷蕨、西宁冷蕨
		亮毛蕨属 *Acystopteris*	亮毛蕨、台湾亮毛蕨、禾秆亮毛蕨
		假冷蕨属 *Pseudocystopteris*	大卫假冷蕨、大叶假冷蕨、假冷蕨、三角叶假冷蕨、阿墩子假冷蕨、长根假冷蕨、睫毛盖假冷蕨
		羽节蕨属 *Gymnocarpium*	羽节蕨、东亚羽节蕨、密腺羽节蕨、欧洲羽节蕨、细裂羽节蕨
		安蕨属 *Anisocampium*	拟鳞毛安蕨、安蕨、华东安蕨、日本安蕨、华日安蕨
		新蹄盖蕨属 *Neoathyrium*	新蹄盖蕨
		双盖蕨属 *Diplazium*	单叶双盖蕨、白沙双盖蕨、狭鳞双盖蕨、顶羽裂双盖蕨、隐脉双盖蕨、海南双盖蕨、锯齿双盖蕨、马鞍山双盖蕨、大叶双盖蕨、厚叶双盖蕨、薄叶双盖蕨、双盖蕨、凯达格兰双盖蕨

（续）

目	科	属	中国分布种（部分）
水龙骨目 Polypodiales （真蕨目） （Filicales）	蹄盖蕨科 Athyriaceae	肠蕨属 *Diplaziopsis*	川黔肠蕨、肠蕨、阔羽肠蕨
		网蕨属 *Dictyodroma*	网蕨、全缘网蕨、海南网蕨、云南网蕨、多变多网蕨
		短肠蕨属 *Allantodia*	南川短肠蕨、百山祖短肠蕨、美丽短肠蕨、长果短肠蕨、昌江短肠蕨、中华短肠蕨、边生短肠蕨、台湾短肠蕨、独山短肠蕨、锡金短肠蕨、狭翅短肠蕨、密果短肠蕨、江南短肠蕨、无毛黑鳞短肠蕨、东北短肠蕨、西藏短肠蕨、耳羽短肠蕨、龙池短肠蕨
		菜蕨属 *Callipteris*	菜蕨、毛轴菜蕨、刺轴菜蕨
		角蕨属 *Cornopteris*	角蕨、黑叶角蕨、阔基角蕨、阔片角蕨、大叶角蕨、峨眉角蕨、密羽角蕨、复叶角蕨、溪生角蕨、尖羽角蕨、滇南角蕨
		轴果蕨属 *Rhachidosorus*	脆叶轴果蕨、喜钙轴果蕨、云贵轴果蕨、轴果蕨、台湾轴果蕨
	肿足蕨科 Hypodematiaceae	肿足蕨属 *Hypodematium*	福氏肿足蕨、无毛肿足蕨、球腺肿足蕨、腺毛肿足蕨、修株肿足蕨、光轴肿足蕨、肿足蕨、稻城肿足蕨、鳞毛肿足蕨、台湾肿足蕨、毛叶肿足蕨、山东肿足蕨、密毛肿足蕨
	金星蕨科 Thelypteridaceae	沼泽蕨属 *Thelypteris*	鳞片沼泽蕨、沼泽蕨、毛叶沼泽蕨
		假鳞毛蕨属 *Lastrea*	锡金假鳞毛蕨、亚洲假鳞毛蕨
		金星蕨属 *Parathelypteris*	金星蕨、微毛金星蕨、矮小金星蕨、光叶金星蕨、长白山金星蕨、马蹄金星蕨、狭脚金星蕨、中日金星蕨、长毛金星蕨、秦岭金星蕨、有齿金星蕨、光脚金星蕨、海南金星蕨、钝角金星蕨、狭叶金星蕨、长根金星蕨、毛脚金星蕨
		凸轴蕨属 *Metathelypteris*	微毛凸轴蕨、三角叶凸轴蕨、薄叶凸轴蕨、有腺凸轴蕨、凸轴蕨、林下凸轴蕨、疏羽凸轴蕨、有柄凸轴蕨、鲜绿凸轴蕨、乌来凸轴蕨、西藏凸轴蕨、武夷山凸轴蕨、具腺凸轴蕨
		针毛蕨属 *Macrothelypteris*	细裂针毛蕨、针毛蕨、雅致针毛蕨、树形针毛蕨、桫椤针毛蕨、翠绿针毛蕨、刚鳞针毛蕨、普通针毛蕨

（续）

目	科	属	中国分布种（部分）
水龙骨目 Polypodiales（真蕨目）（Filicales）	金星蕨科 Thelypteridaceae	卵果蕨属 *Phegopteris*	西藏卵果蕨、卵果蕨、延羽卵果蕨
		边果蕨属 *Craspedosorus*	边果蕨
		紫柄蕨属 *Pseudophegopteris*	耳状紫柄蕨、光叶紫柄蕨、禾秆紫柄蕨、短柄紫柄蕨、密毛紫柄蕨、星毛紫柄蕨、紫柄蕨、光囊紫柄蕨、西藏紫柄蕨、易贡紫柄蕨、云贵紫柄蕨、察隅紫柄蕨、对生紫柄蕨、毛囊紫柄蕨
		钩毛蕨属 *Cyclogramma*	耳羽钩毛蕨、西藏钩毛蕨、焕镛钩毛蕨、无量山钩毛蕨、小叶钩毛蕨、狭基钩毛蕨、马关钩毛蕨、滇东钩毛蕨、峨眉钩毛蕨
		茯蕨属 *Leptogramma*	毛叶茯蕨、华中茯蕨、喜马拉雅溪茯蕨、惠水茯蕨、金佛山茯蕨、西欧茯蕨、峨眉茯蕨、中华茯蕨、小叶茯蕨、雅安茯蕨、溪茯蕨、缙云溪茯蕨、金佛山溪茯蕨、兴文溪茯蕨、中间茯蕨
		方秆蕨属 *Glaphyropteridopsis*	灰白方秆蕨、粉红方秆蕨、峨眉方秆蕨、毛囊方秆蕨、方秆蕨、光滑方秆蕨、金佛山方秆蕨、柔弱方秆蕨、四川方秆蕨、大叶方秆蕨、柔毛方秆蕨
		假毛蕨属 *Pseudocyclosorus*	光脉假毛蕨、假毛蕨、新平假毛蕨、长根假毛蕨、苍山假毛蕨、独龙江假毛蕨、峨眉假毛蕨、西南假毛蕨、青岩假毛蕨、溪边假毛蕨、福贡假毛蕨、叉脉假毛蕨、广西假毛蕨、西藏假毛蕨
		龙津蕨属 *Mesopteris*	龙津蕨
		毛蕨属 *Cyclosorus*	渐尖毛蕨、台湾毛蕨、景洪毛蕨、阴生毛蕨、南溪毛蕨、美丽毛蕨、广叶毛蕨、福建毛蕨、墨脱毛蕨、峨眉毛蕨、中华齿状毛蕨、泰宁毛蕨、温州毛蕨、朝芳毛蕨、截裂毛蕨、缩羽毛蕨
		溪边蕨属 *Stegnogramma*	兴文溪边蕨、缙云溪边蕨、金佛山溪边蕨、阔羽溪边蕨、屏边溪边蕨、贯众叶溪边蕨、锡金溪边蕨
		星毛蕨属 *Ampelopteris*	星毛蕨

（续）

目	科	属	中国分布种（部分）
水龙骨目 Polypodiales（真蕨目）（Filicales）	金星蕨科 Thelypteridaceae	新月蕨属 *Pronephrium*	墨脱新月蕨、微红新月蕨、大羽新月蕨、刚毛新月蕨、单叶新月蕨、三羽新月蕨、云贵新月蕨、小叶新月蕨、新月蕨、河口新月蕨、针毛新月蕨、岛生新月蕨、红色新月蕨、硕羽新月蕨
		圣蕨属 *Dictyocline*	圣蕨、戟叶圣蕨、闽浙圣蕨、羽裂圣蕨
		毛脉蕨属 *Trichoneuron*	毛脉蕨
	铁角蕨科 Aspleniaceae	铁角蕨属 *Asplenium*	鸟巢蕨、大鳞巢蕨、狭翅巢蕨、黑鳞铁角蕨、华南铁角蕨、大盖铁角蕨、棕鳞铁角蕨、水鳖蕨、西疆铁角蕨、热带铁角蕨、泸山铁角蕨、内蒙铁角蕨、圆叶铁角蕨、膜连铁角蕨、钝齿铁角蕨、尖齿铁角蕨、贵阳铁角蕨、甘肃铁角蕨、江苏铁角蕨
		苍山蕨属 *Ceterachopsis*	苍山蕨、独龙江苍山蕨、疏脉苍山蕨、大叶苍山蕨
		药蕨属 *Ceterach*	药蕨
		过山蕨属 *Camptosorus*	过山蕨
		细辛蕨属 *Boniniella*	细辛蕨
	睫毛蕨科 Pleurosoriopsidaceae	睫毛蕨属 *Pleurosoriopsis*	睫毛蕨
	球子蕨科 Onocleaceae	球子蕨属 *Onoclea*	球子蕨、北美球子蕨
		荚果蕨属 *Matteuccia*	荚果蕨、尖裂荚果蕨
	岩蕨科 Woodsiaceae	岩蕨属 *Woodsia*	陕西岩蕨、山西岩蕨、等基岩蕨、贵州岩蕨、华北岩蕨、密毛岩蕨、岩蕨、东亚岩蕨、毛盖岩蕨、甘南岩蕨、耳羽岩蕨、西疆岩蕨、蜘蛛岩蕨、赤色岩蕨、栗柄岩蕨、渐尖岩蕨、神农岩蕨
		滇蕨属 *Cheilanthopsis*	康定岩蕨、滇蕨、长叶滇蕨
		膀胱蕨属 *Protowoodsia*	膀胱蕨

（续）

目	科	属	中国分布种（部分）
水龙骨目 Polypodiales（真蕨目）（Filicales）	乌毛蕨科 Blechnaceae	乌毛蕨属 *Blechnum*	乌毛蕨
		乌木蕨属 *Blechnidium*	乌木蕨
		苏铁蕨属 *Brainea*	苏铁蕨
		狗脊属 *Woodwardia*	狗脊、滇南狗脊、东方狗脊、珠芽狗脊、顶芽狗脊
		崇澍蕨属 *Chieniopteris*	崇澍蕨、裂羽崇澍蕨
		荚囊蕨属 *Struthiopteris*	宽叶荚囊蕨、天长罗蔓蕨、荚囊蕨、天长荚囊蕨
		扫把蕨属 *Diploblechnum*	扫把蕨
	柄盖蕨科 Peranemaceae	柄盖蕨属 *Peranema*	柄盖蕨、东亚柄盖蕨
		红腺蕨属 *Diacalpe*	西藏红腺蕨、红腺蕨、墨脱红腺蕨、峨眉红腺蕨、大囊红腺蕨、小叶红腺蕨、圆头红腺蕨、离轴红腺蕨
		鱼鳞蕨属 *Acrophorus*	鱼鳞蕨、滇缅鱼鳞蕨、峨眉鱼鳞蕨、峨边鱼鳞蕨、节毛鱼鳞蕨、细裂鱼鳞蕨、大果鱼鳞蕨
	鳞毛蕨科 Dryopteridaceae	鳞毛蕨属 *Dryopteris*	两广鳞毛蕨、西域鳞毛蕨、桫椤鳞毛蕨、宜昌鳞毛蕨、华北鳞毛蕨、山地鳞毛蕨、丽江鳞毛蕨、独龙江轴鳞蕨、宜昌鳞毛蕨、华北鳞毛蕨、山地鳞毛蕨、丽江鳞毛蕨、中华鳞毛蕨、台湾鳞毛蕨
		复叶耳蕨属 *Arachniodes*	黑鳞复叶耳蕨、中华斜方复叶耳蕨、阔羽复叶耳蕨、东洋复叶耳蕨、紫云山复叶耳蕨、华南复叶耳蕨、台湾复叶耳蕨、中华复叶耳蕨、云南复叶耳蕨、湖南复叶耳蕨、清秀复叶耳蕨
		拟贯众属 *Cyclopeltis*	拟贯众
		柳叶蕨属 *Cyrtogonellum*	柳叶蕨、斜基柳叶蕨、相似柳叶蕨、离脉柳叶蕨、西畴柳叶蕨、石生柳叶蕨
		鞭叶蕨属 *Cyrtomidictyum*	单叶鞭叶蕨、卵状鞭叶蕨、鞭叶蕨、普陀鞭叶蕨

（续）

目	科	属	中国分布种（部分）
水龙骨目 Polypodiales（真蕨目）（Filicales）	鳞毛蕨科 Dryopteridaceae	贯众属 *Cyrtomium*	惠水贯众、贵州贯众、单叶贯众、宽镰贯众、小羽贯众、贯众、厚叶贯众、尖齿贯众、邢氏贯众、新宁贯众、台湾贯众、秦氏贯众、福建贯众、披针贯众、云南贯众、峨眉贯众、秦岭贯众
		石盖蕨属 *Lithostegia*	石盖蕨
		肉刺蕨属 *Nothoperanema*	有盖肉刺蕨、棕鳞肉刺蕨、大叶肉刺蕨、肉刺蕨、无盖肉刺蕨
		黔蕨属 *Phanerophlebiopsis*	粗齿黔蕨、黔蕨、长叶黔蕨、湖南黔蕨、中间黔蕨
		耳蕨属 *Polystichum*	尖齿耳蕨、峨眉耳蕨、滇东南耳蕨、川渝耳蕨、波密耳蕨、台湾蒙自耳蕨、台中耳蕨、广东耳蕨、拉钦耳蕨、川西耳蕨、湖北耳蕨、宜昌耳蕨、陕西耳蕨、尾叶耳蕨、西藏耳蕨、毛叶耳蕨
		玉龙蕨属 *Sorolepidium*	玉龙蕨
	三叉蕨科 Aspidiaceae	肋毛蕨属 *Ctenitis*	棕鳞肋毛蕨、亮鳞肋毛蕨、二型肋毛蕨、直鳞肋毛蕨、桂滇肋毛蕨、金佛山肋毛蕨、银毛肋毛蕨、海南肋毛蕨、滇桂三相蕨
		轴脉蕨属 *Ctenitopsis*	西藏轴脉蕨、黑鳞轴脉蕨、轴脉蕨、棕毛轴脉蕨、无盖轴脉蕨、毛叶轴脉蕨、顶囊轴脉蕨、中华轴脉蕨、薄叶轴脉蕨、台湾轴脉蕨
		节毛蕨属 *Lastreopsis*	云南节毛蕨、海南节毛蕨、台湾节毛蕨
		黄腺羽蕨属 *Pleocnemia*	台湾黄腺羽蕨、黄腺羽蕨
		三叉蕨属 *Tectaria*	思茅三叉蕨、疣状三叉蕨、翅柄三叉蕨、掌状三叉蕨、条裂三叉蕨、黑柄三叉蕨、芽胞三叉蕨、绿春三叉蕨、中型三叉蕨、剑叶三叉蕨、云南三叉蕨、多形三叉蕨、五裂三叉蕨、燕尾三叉蕨
		地耳蕨属 *Quercifilix*	地耳蕨
		牙蕨属 *Pteridrys*	毛轴牙蕨、薄叶牙蕨、云贵牙蕨
		沙皮蕨属 *Hemigramma*	沙皮蕨

（续）

目	科	属	中国分布种（部分）
水龙骨目 Polypodiales （真蕨目） （Filicales）	实蕨科 Bolbitidaceae	实蕨属 *Bolbitis*	多羽实蕨、根叶刺蕨、刺蕨、昌江实蕨、贵州实蕨、密叶实蕨、紫轴实蕨、墨脱刺蕨、间断实蕨、中华刺蕨、华南实蕨、疏裂刺蕨、厚叶实蕨、河口实蕨、西藏实蕨、云南刺蕨、云南实蕨
	藤蕨科 Lomariopsidaceae	藤蕨属 *Lomariopsis*	中华藤蕨、藤蕨、美丽藤蕨
		网藤蕨属 *Lomargramma*	网藤蕨、云南网藤蕨、墨脱网藤蕨
	舌蕨科 Elaphoglossaceae	舌蕨属 *Elaphoglossum*	南海舌蕨、圆叶舌蕨、华南舌蕨、华南吕宋舌蕨、舌蕨、爪哇舌蕨、吕宋舌蕨、云南舌蕨
	肾蕨科 Nephrolepidaceae	肾蕨属 *Nephrolepis*	长叶肾蕨、耳叶肾蕨、毛叶肾蕨、肾蕨、圆叶肾蕨、镰叶肾蕨
		爬树蕨属 *Arthropteris*	桂南爬树蕨、爬树蕨
	蓧蕨科 Oleandraceae	蓧蕨属 *Oleandra*	光叶蓧蕨、轮叶蓧蕨、波边蓧蕨、高山蓧蕨、华南蓧蕨
	骨碎补科 Davalliaceae	骨碎补属 *Davallia*	大叶骨碎补、中国骨碎补、细裂小膜盖蕨、假脉骨碎补、那坡骨碎补、阔叶骨碎补、骨碎补
		大膜盖蕨属 *Leucostegia*	大膜盖蕨
		小膜盖蕨属 *Araiostegia*	鳞轴小膜盖蕨、美小膜盖蕨、宿枝小膜盖蕨
		阴石蕨属 *Humata*	杯盖阴石蕨、马来阴石蕨、阴石蕨、长叶阴石蕨
		钻毛蕨属 *Davallodes*	秦氏假钻毛蕨、假钻毛蕨、膜叶假钻毛蕨
		假钻毛蕨属 *Paradavallodes*	假钻毛蕨
	雨蕨科 Gymnogrammitidaceae	雨蕨属 *Gymnogrammitis*	雨蕨
	双扇蕨科 Dipteridaceae	双扇蕨属 *Dipteris*	中华双扇蕨、双扇蕨、喜马拉雅双扇蕨

（续）

目	科	属	中国分布种（部分）
水龙骨目 Polypodiales（真蕨目）（Filicales）	燕尾蕨科 Cheiropleuriaceae	燕尾蕨属 *Cheiropleuria*	燕尾蕨、全缘燕尾蕨
	水龙骨科 Polypodiaceae 水龙骨亚科 Polypodioideae	多足蕨属 *Polypodium*	东北多足蕨、欧亚多足蕨
		篦齿蕨属 *Metapolypodium*	篦齿蕨、栗柄篦齿蕨
		水龙骨属 *Polypodiodes*	大叶水龙骨、滇越水龙骨、光茎水龙骨、假友水龙骨、假毛柄水龙骨、友水龙骨、镰羽水龙骨、如反水龙骨、腺叶水龙骨、濑水龙骨、红秆水龙骨、台湾水龙骨、喜马拉雅水龙骨、中华水龙骨
		拟水龙骨属 *Polypodiastrum*	川拟水龙骨、尖齿拟水龙骨、狭羽拟水龙骨、蒙自拟水龙骨
		棱脉蕨属 *Schellolepis*	穴果棱脉蕨、棱脉蕨
	水龙骨科 Polypodiaceae 瓦韦亚科 Lepisorioideae	扇蕨属 *Neocheiropteris*	扇蕨、三叉扇蕨
		盾蕨属 *Neolepisorus*	剑叶盾蕨、江南星蕨、小盾蕨、盾蕨、显脉星蕨
		瓦韦属 *Lepisorus*	海南瓦韦、云南瓦韦、宝岛瓦韦、天山瓦韦、丛生瓦韦、小五台瓦韦、线叶瓦韦、连珠瓦韦、长叶瓦韦、瑶山瓦韦、中华瓦韦
		骨牌蕨属 *Lepidogrammitis*	贴生骨牌蕨、披针骨牌蕨、抱石莲、长叶骨牌蕨、中间骨牌蕨、甘肃骨牌蕨、梨叶骨牌蕨、骨牌蕨
		伏石蕨属 *Lemmaphyllum*	肉质伏石蕨、骨牌蕨
		尖嘴蕨属 *Belvisia*	显脉尖嘴蕨、隐柄尖嘴蕨、尖嘴蕨
		丝带蕨属 *Drymotaenium*	丝带蕨
		毛鳞蕨属 *Tricholepidium*	毛鳞蕨
	水龙骨科 Polypodiaceae 石韦亚科 Pyrrosioideae	石韦属 *Pyrrosia*	石韦、抱树石韦、贴生石韦、剑叶石韦、南洋石韦、披针叶石韦、戟叶石韦、有柄石韦、庐山石韦、相近石韦、华北石韦、光石韦、纸质石韦、琼崖石韦、下延石韦、显脉石韦、中越石韦
		石蕨属 *Saxiglossum*	石蕨

(续)

目	科	属	中国分布种(部分)
水龙骨目 Polypodiales (真蕨目) (Filicales)	水龙骨科 Polypodiaceae 隐子蕨亚科 Crypsinoideae	瘤蕨属 *Phymatosorus*	光亮瘤蕨、阔鳞瘤蕨、瘤蕨、显脉瘤蕨
		假瘤蕨属 *Phymatopteris*	黑鳞假瘤蕨、掌叶假瘤蕨、毛轴黑鳞假瘤蕨、大叶玉山假瘤蕨、恩氏假瘤蕨、刺齿假瘤蕨、金鸡脚假瘤蕨、白茎假瘤蕨、昆明假瘤蕨、海南假瘤蕨、紫边假瘤蕨、台湾假瘤蕨、陕西假瘤蕨
		修蕨属 *Seliguea*	修蕨
		节肢蕨属 *Arthromeris*	单行节肢蕨、多羽节肢蕨、贯众叶节肢蕨、灰茎节肢蕨、黑鳞节肢蕨、厚毛节肢蕨、灰背节肢蕨、节肢蕨、康定节肢蕨、琉璃节肢蕨、龙头节肢蕨、美丽节肢蕨、狭羽节肢蕨、中间节肢蕨
		戟蕨属 *Christiopteris*	戟蕨
	水龙骨科 Polypodiaceae 星蕨亚科 Microsorioideae	星蕨属 *Microsorum*	膜叶星蕨、广叶星蕨、羽裂星蕨、矛叶瘤蕨、多羽瘤蕨、龙骨星蕨、有翅星蕨、星蕨
		线蕨属 *Colysis*	新店线蕨、线蕨、异叶线蕨、胄叶线蕨、褐叶线蕨、绿叶线蕨、滇线蕨、掌叶线蕨、长柄线蕨、曲边线蕨、矩圆线蕨、具柄线蕨、宽羽线蕨、断线蕨、线蕨、纤细线蕨
		薄唇蕨属 *Leptochilus*	薄唇蕨、心叶薄唇蕨、勐宋薄唇蕨、翅星蕨
		似薄唇蕨属 *Paraleptochilus*	似薄唇蕨
	槲蕨科 Drynariaceae	槲蕨属 *Drynaria*	崖姜、秦岭槲蕨、团叶槲蕨、川滇槲蕨、毛槲蕨、小槲蕨、石莲姜槲蕨、栎叶槲蕨、硬叶槲蕨、槲蕨
		连珠蕨属 *Aglaomorpha*	崖姜蕨、连珠蕨
	鹿角蕨科 Platyceriaceae	鹿角蕨属 *Platycerium*	鹿角蕨、二歧鹿角蕨
	禾叶蕨科 Grammitaceae	禾叶蕨属 *Grammitis*	拟禾叶蕨、短柄禾叶蕨、两广禾叶蕨
		蒿蕨属 *Ctenopteris*	细叶蒿蕨、蒿蕨
		穴子蕨属 *Prosaptia*	海南穴子蕨、南亚穴子蕨、缘生穴子蕨、中间穴子蕨、俯垂穴子蕨、密毛穴子蕨、台湾穴子蕨、宝岛穴子蕨

（续）

目	科	属	中国分布种（部分）
水龙骨目 Polypodiales（真蕨目）（Filicales）	禾叶蕨科 Grammitaceae	荷包蕨属 *Calymmodon*	短叶荷包蕨、疏毛荷包蕨、姬荷包蕨、寡毛荷包蕨
		革舌蕨属 *Scleroglossum*	革舌蕨
	剑蕨科 Loxogrammaceae	剑蕨属 *Loxogramma*	顶生剑蕨、黑鳞剑蕨、剑蕨、中华剑蕨、老街剑蕨、拟内卷剑蕨、柳叶剑蕨、西藏剑蕨、内卷剑蕨、褐柄剑蕨、台湾剑蕨、匙叶剑蕨
蘋目 Marsileales	蘋科 Marsileaceae	蘋属 *Marsilea*	南国田字草、蘋、埃及蘋、变叶蘋、蝴蝶蘋、裂叶蘋
槐叶蘋目 Salviniales	槐叶蘋科 Salviniaceae	槐叶蘋属 *Salvinia*	人厌槐叶蘋、槐叶蘋、勺叶槐叶蘋
	满江红科 Azollaceae	满江红属 *Azolla*	满江红

注1：本表仅列举部分分布于中国的蕨类植物；部分科属信息根据不同分类系统有较大差异，本表仅作为参考。

注2：蕨类植物资源分类数据来源于：

1.中国蕨类植物分类系统（秦仁昌 1978）；

2.中国植物志（FRPS），http://www.iplant.cn/frps/vol；

3.中国植物物种名录（2021版），中国科学院植物研究所，2021，中国科学院植物科学数据中心，doi:10.12282/plantdata.0021。

注3：感谢中国科学院植物科学数据中心(Plant Data Center of Chinese Academy of Sciences, https://www.plantplus.cn)提供数据支撑。